ANDREA FILATRO
STELLA PORTO

TRANSFORMAÇÃO DIGITAL NA EDUCAÇÃO

Av. Paulista, 901, Edifício CYK, 4º andar
Bela Vista – São Paulo – SP – CEP 01310-100

SAC | sac.sets@saraivaeducacao.com.br

Diretoria executiva	Flávia Alves Bravin
Diretoria editorial	Ana Paula Santos Matos
Gerência de produção e projetos	Fernando Penteado
Gerenciamento de catálogo	Gabriela Ghetti
Edição	Paula Sacrini
Design e produção	Jeferson Costa da Silva (coord.)
	Alanne Maria
	Guilherme Salvador
	Lais Soriano
	Rosana Peroni Fazolari
	Tiago Dela Rosa
	Verônica Pivisan Reis
Planejamento e projetos	Cintia Aparecida dos Santos
	Daniela Maria Chaves Carvalho
	Emily Larissa Ferreira da Silva
	Kelli Priscila Pinto
Preparação	Mel Ribeiro
Diagramação	Adriana Aguiar
Revisão	Lígia Alves
Produção gráfica	Marli Rampim
	Sergio Luiz Pereira Lopes
Impressão e acabamento	Edições Loyola

DADOS INTERNACIONAIS DE CATALOGAÇÃO NA PUBLICAÇÃO (CIP)
ELABORADO POR VAGNER RODOLFO DA SILVA – CRB-8/9410

F479t   Filatro, Andrea
         Transformação digital na educação / Andrea Filatro,
         Stella Porto. – 1. ed. – São Paulo: Saraiva Uni, 2024.
         152 p.
         ISBN 978-85-7144-249-8 (Impresso)
         1. Educação. 2. Transformação digital. I. Porto,
         Stella. II. Título
                                                      CDD 370
2024-2919   CDU 37

Índices para catálogo sistemático:
1. Educação   370
2. Educação   37

Copyright © Andrea Filatro, Stella Porto
2024 Saraiva Educação
Todos os direitos reservados.

1ª edição

Dúvidas? Acesse www.saraivaeducacao.com.br

Nenhuma parte desta publicação poderá ser reproduzida por qualquer meio ou forma sem a prévia autorização da Saraiva Educação. A violação dos direitos autorais é crime estabelecido na Lei n. 9.610/98 e punido pelo art. 184 do Código Penal.

CÓD. OBRA 717452   CL 651988   CAE 828329

SUMÁRIO

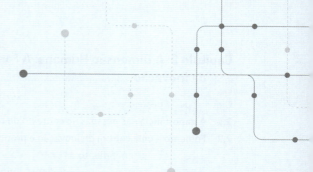

Apresentação VII
Prefácio XI
Introdução XV
O que é transformação digital? XVI
Transformação digital na educação XVIII
Frameworks para transformação digital XX
    Digital Transformation: A Roadmap for Billion-Dollar Organizations (MIT & Capgemini, 2011) XX
    Higher Education Digital Capability Framework (HolonIQ, 2020) XXII
    Framework for Digital Transformation in Higher Education (Jisc, 2023) XXIV
O *framework* desenvolvido para este livro XXV
Considerações finais XXVI

PARTE I – AS CINCO DIMENSÕES DA TRANSFORMAÇÃO DIGITAL NA EDUCAÇÃO

Capítulo 1: A Dimensão Estratégica: O Ponto de Partida da Transformação Digital 2

O que esperar deste capítulo 3
1.1   A iniciativa de transformação digital 3
1.2   O Comitê de Transformação Digital 4
1.3   A necessidade de transformação digital e o estado atual da organização 5
1.4   Uma visão para a iniciativa de transformação digital 6
1.5   Objetivos estratégicos e prioridades 7
1.6   Alocação de recursos 7
1.7   Gerenciamento de riscos 8
1.8   Monitoramento do progresso 9
1.9   Uma cultura pronta para a mudança 11
Considerações finais 12

Capítulo 2: A Dimensão Humana: A Força Motriz por Trás da Mudança e da Inovação 16

O que esperar deste capítulo 17

2.1 A importância das pessoas no contexto da transformação digital 18

2.2 Fomento a uma cultura de inovação e prontidão digital 18

    2.2.1 Comprometimento da liderança 19

    2.2.2 Desenvolvimento profissional contínuo 20

    2.2.3 Incentivo à colaboração e ao compartilhamento de conhecimentos 21

    2.2.4 Reconhecimento e recompensa à inovação 23

    2.2.5 Mentalidade de crescimento 24

2.3 Equidade e inclusão digital no contexto de uma iniciativa de transformação digital 26

    2.3.1 Divisão digital 26

    2.3.2 Acessibilidade 26

    2.3.3 Responsividade cultural 27

Considerações finais 28

Capítulo 3: A Dimensão Organizacional: A Arquitetura da Transformação Digital e Inovação 30

O que esperar deste capítulo 31

3.1 O sistema educacional e seus subsistemas 32

3.2 Estrutura organizacional e transformação digital 34

    3.2.1 Tipos de estrutura organizacional adequados para a transformação digital 34

3.3 Como construir uma estrutura organizacional escalável e ágil 35

    3.3.1 Alinhamento de objetivos organizacionais e objetivos estratégicos 35

    3.3.2 Avaliação da estrutura organizacional atual 36

    3.3.3 Design de uma estrutura organizacional escalável e ágil 40

    3.3.4 Definição de políticas, processos e procedimentos eficazes 42

    3.3.5 Implicações da transformação digital para os Recursos Humanos 44

    3.3.6 Gestão do corpo docente no contexto da transformação digital 46

Considerações finais 48

Capítulo 4: A Dimensão de Ensino-Aprendizagem: A Pedra Angular da Transformação Digital na Educação 50

O que esperar deste capítulo 51

4.1 Fatores impulsionadores da transformação digital na educação 52

4.2 Inovação nas práticas de ensino-aprendizagem 53

    4.2.1 Aprendizagem híbrida e sala de aula invertida 53

    4.2.2 Aprendizagem personalizada e adaptativa 54

    4.2.3 Aprendizagem colaborativa e baseada em problemas e projetos 55

    4.2.4 Aprendizagem baseada em competências 56

	4.2.5	Aprendizagem baseada em jogos e gamificação	56
	4.2.6	Microaprendizagem e aprendizagem móvel	57
	4.2.7	Aprendizagem imersiva	58
4.3	Implicações das abordagens inovadoras para os subsistemas institucionais		58
4.4	Avaliação da efetividade de práticas inovadoras de ensino-aprendizagem		62

Considerações finais ... 65

Capítulo 5: A Dimensão Tecnológica: O Fator Acelerador da Transformação na Educação ... **67**

O que esperar deste capítulo ... 68

5.1	O papel da tecnologia na transformação digital da educação		69
5.2	Primeira onda de tecnologias educacionais		70
	5.2.1	Learning Management Systems (LMSs)	71
	5.2.2	Learning Experience Platforms (LXPs)	71
	5.2.3	Ferramentas de suporte à aprendizagem social	72
	5.2.4	Ferramentas de gamificação	73
	5.2.5	Ferramentas de autoria	73
5.3	Segunda onda de tecnologias educacionais		74
	5.3.1	Big Data Analytics e computação em nuvem	74
	5.3.2	Ferramentas impulsionadas por IA – Parte 1	77
	5.3.3	Ferramentas impulsionadas por IA – Parte 2	80
	5.3.4	Realidade virtual, realidade aumentada e metaverso	82
	5.3.5	Dispositivos IoT	84
	5.3.6	Blockchain	86
	5.3.7	Tecnologia 5G	88
5.4	Questões de privacidade e segurança		89
	5.4.1	Privacidade de dados	89
	5.4.2	Segurança	90

Considerações finais ... 91

PARTE II – TRANSFORMAÇÃO DIGITAL NA PRÁTICA

Capítulo 6: Transformação Digital na PUCPR ... **94**

6.1	Novo modelo de gestão da PUCPR		95
6.2	Estratégia de transformação digital		97
	6.2.1	Proposta pedagógica e o papel da tecnologia	99
	6.2.2	Graduação 4D	102
	6.2.3	Desafios futuros	104
6.3	Comentários sobre o caso PUCPR		104

V

Transformação digital na educação: guia rápido para gestores e líderes

Capítulo 7: Transformação digital no INDES/BID **106**

7.1 Contexto 107

7.2 Visão geral da jornada de transformação digital 108

    7.2.1 Tecnologia educacional 108

    7.2.2 Conteúdo aberto e acesso aberto 109

    7.2.3 Qualidade 110

    7.2.4 Acessibilidade digital 111

    7.2.5 Avaliação de impacto da aprendizagem 111

    7.2.6 Reconhecimento 112

    7.2.7 Inteligência artificial generativa 113

7.3 Comentários sobre o caso INDES/BID 114

Visões e lições aprendidas **116**

Índice remissivo **121**

APRESENTAÇÃO

Imagem criada com Microsoft Bing Image Creator em 09-10-2023.

Desde que foi lançada a obra **Metodologias inov-ativas na educação**, em 2018, revisada e ampliada em 2023 após ampla disseminação entre educadores durante o período pandêmico, o questionamento sobre como abrigar de forma sistêmica metodologias inovadoras nas instituições de ensino só aumentou. Uma coisa é um professor reconhecer as potencialidades das novas tecnologias digitais e compreender como elas impulsionam novas metodologias de ensino-aprendizagem a ponto de adotá-las no âmbito de uma classe ou de uma unidade de estudo, e outra bem diferente é implantá-las no nível organizacional, com apoio da direção e da equipe de suporte.

Essa indagação, que nos acompanha há tempos, nos levou a escrever este livro, com o objetivo de expandir a perspectiva sobre a inovação educacional no âmbito de uma instituição ou organização.

A inspiração que faltava para dar início a este projeto foi a nossa participação no desenvolvimento do curso Museos en la Transformación Digital, desenvolvido pela AcademiaBID no primeiro semestre de 2023. As reflexões de fundo para estruturar o projeto reforçaram a necessidade de sistematizar os desdobramentos mais amplos da inovação no nível organizacional.

Assim, convidei para colaborar na autoria do livro Stella Porto, especialista em Gestão de Aprendizagem e Conhecimento no Banco Interamericano de Desenvolvimento (BID) em Washington, nos Estados Unidos. O currículo de Stella dá uma ideia de como foi importante contar com sua experiência nacional e internacional para abordar a temática central deste trabalho.

Definido o time, o projeto foi submetido à Saraiva e cá estamos, com a obra concluída, para dialogar com os queridos leitores e leitoras. Parece mágica, mas com certeza o percurso foi tão interessante quanto o livro finalizado.

O tema transformação digital (TD) não é recente – vem sendo extensamente explorado na área de negócios desde o início deste século. Mais recentemente, também se te feito presente no campo educacional. Para identificar o estado da arte da literatura relacionada ao assunto, iniciamos com uma pesquisa convencional por meio de mecanismos de busca conhecidos (Google, Google Scholar), cujo resultado foi o levantamento e a análise de *frameworks* internacionais sobre TD em geral e TD na educação.

Discutimos a organização lógica desses *frameworks*, suas grandes áreas e subáreas, e ficou claro que o processo de TD na educação poderia ser organizado de inúmeras maneiras de acordo com o foco selecionado.

Optamos então por adotar novas práticas de autoria – uma verdadeira iniciativa de TD no mundo editorial –, recorrendo a plataformas de inteligência artificial generativa para explorar as várias dimensões dessas práticas.

Iniciamos com consultas ao ChatGPT 3.5 e depois ao ChatGPT 4 Plus em busca da estrutura conceitual dos capítulos, e foram vários os diálogos entre as autoras e a ferramenta até chegar às cinco dimensões aqui apresentadas – estratégica, humana, organizacional, de ensino-aprendizagem e tecnológica –, bem como à organização sequencial dos capítulos.

À medida que novas interfaces conversacionais foram sendo liberadas para o público, incorporamos essa interação ao processo de escrita e melhoria do texto, começando com o Microsoft Bing Chat, o Claude AI, o Google Bard e, finalmente, o Perplexity AI (essas ferramentas são apresentadas no Capítulo 5, "A dimensão tecnológica").

No entanto, todas as referências bibliográficas apresentadas no texto foram pesquisadas e localizadas no formato tradicional, ou seja, utilizando mecanismos de pesquisa na web e referências cruzadas nos materiais consultados. Ressalte-se aqui que, com raras exceções, as referências citadas pelas plataformas inteligentes continham erros crassos nos títulos sugeridos, bem como na autoria e/ou na data de publicação.

Apesar dessas limitações, quisemos também inovar no uso de imagens geradas computacionalmente, o que foi feito com as ferramentas DALL-E e Microsoft Bing Image Creator. Os diagramas foram construídos a partir do *plugin* Whimsical integrado ao ChatGPT 4 Plus.

Uma particularidade desta obra é que ela foi escrita simultaneamente em dois idiomas, o português e o inglês, com a primeira versão visando ao público brasileiro e a segunda destinada a uma publicação de alcance internacional.

Por essa razão, o leitor e a leitora verão referências e exemplos de vários países, e, na edição brasileira, algumas localizações para tornar a mensagem do livro mais próxima da realidade nacional.

Os casos que aparecem no capítulo final também refletem essas perspectivas e foram selecionados para trazer ao livro a visão de quem está realizando transformação digital na prática, seja em uma instituição de ensino superior tradicional, seja em universidades corporativas ou em ações globais de disseminação do conhecimento e fortalecimento de competências.

O primeiro caso se refere à transformação digital na **PUC Paraná**, cuja estratégia envolve a inovação no processo de ensino-aprendizagem, o desenvolvimento de uma cultura organizacional centrada no cliente e a adoção de tecnologias digitais para melhorar a eficiência e a eficácia dos processos, exemplificados no Centro de Realidade Estendida e na Graduação 4D.

O segundo caso traz uma perspectiva internacional ao apresentar a jornada de transformação digital no **INDES/BID (Inter-American Institute for Economic and Social Development, do Banco Interamericano de Desenvolvimento)**, com iniciativas nas áreas de EdTech (cursos online no Moodle/BigBlueButton), IDBx (conteúdo e acesso abertos na plataforma edX), padrões de qualidade (Quality Matters Standards, acessibilidade e níveis 3 e 4 de Kirkpatrick), sistema de reconhecimento (credenciais e *badges* digitais) e GenAI (inteligência artificial generativa) para a produção de soluções educacionais.

A obra que apresentamos aos queridos leitoras e leitores é, assim, fruto de intensa interação entre as autoras, entre as autoras e plataformas de inteligência artificial generativa, e entre as autoras e casos reais de TD na educação.

A quem este livro se destina

Este livro foi elaborado especialmente para gestores e tomadores de decisão que exercem a liderança em organizações educacionais, como gestores universitários, diretores de instituições de ensino e profissionais ligados à educação corporativa.

Ele oferece um guia estratégico para profissionais encarregados de implementar iniciativas de transformação digital, auxiliando-os a acompanhar o cenário educacional em rápida evolução. Em vez de focar detalhes operacionais, esta obra traz uma visão geral de alto nível dos vários aspectos da transformação digital em educação, abrangendo as dimensões estratégica, humana, organizacional, de ensino-aprendizagem e, por fim, tecnológica.

Ao apresentar insights, ferramentas e boas práticas relacionadas ao tema, este livro oferece aos leitores e leitoras uma oportunidade de reflexão e de planejamento global. Visa, assim, capacitá-los a tomar decisões informadas, a comunicar eficazmente sua visão e a impulsionar esforços bem-sucedidos de transformação digital, os quais, em última instância, podem aprimorar a experiência de aprendizagem e aumentar a sustentabilidade de suas organizações na era digital.

Andrea Filatro

PREFÁCIO

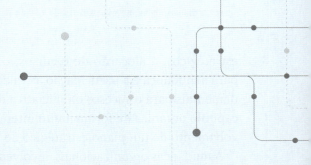

O desenvolvimento exponencial das tecnologias exige das organizações, independentemente do setor de atuação, uma capacidade de adaptação ao mundo digital. Esse é um projeto desafiador, marcado por incertezas quanto à transformação organizacional e às tecnologias digitais. Apesar das diferentes definições existentes,[1] a transformação digital (TD) pode ser compreendida como "uma mudança organizacional que é facilitada por tecnologias digitais e tem o potencial de remodelar todos os aspectos de uma organização para aproveitar plenamente as suas competências essenciais".[2] Transformação essa que envolve processos, cultura e estratégia, tornando fundamental a condução do processo de uma perspectiva integrada e ampla.

As autoras Andrea Filatro e Stella Porto apresentam uma proposta bem delineada, um guia para que as organizações educacionais façam frente a esse desafio, estimulando reflexões e compartilhando melhores práticas. Trazer a discussão para o contexto das universidades, instituições de ensino e educação corporativa é uma contribuição valiosa do livro. Principalmente se considerarmos que, apesar da crescente literatura sobre transformação digital, o debate no contexto da educação superior ainda é limitado.

Os capítulos estão estruturados com base nas dimensões do *framework* do livro: estratégica, humana, organizacional, ensino-aprendizagem e tecnológica.

Na dimensão estratégica (Capítulo 1), as autoras ressaltam a importância do alinhamento da iniciativa de TD com a estratégia da organização e sugerem melhores práticas para conduzir essa mudança, como a criação de um comitê, a análise do estado atual e das tendências, a definição de uma visão e objetivos estratégicos, a alocação de recursos, o gerenciamento de riscos, a prontidão para a mudança e a participação ativa dos envolvidos. As ações citadas são fundamentais para o sucesso da iniciativa de transformação. O quadro no final do capítulo organiza de forma muito interessante e útil ferramentas para o desenvolvimento de um plano estratégico de TD.

A mudanças organizacionais envolvem novos comportamentos, de forma que a dimensão humana é fundamental no processo de transformação. Dentre os temas abordados no Capítulo 2, destaco o debate atual e relevante sobre equidade e inclusão digital.

O Capítulo 3 trata das mudanças na dimensão organizacional, como a adoção de uma estrutura organizacional escalável e ágil, revisão de políticas, processos e procedimentos e revisão de práticas de RH, de forma a facilitar a TD.

A dimensão de ensino-aprendizagem (Capítulo 4) oferece insights específicos para as organizações educacionais. Além de apresentar as principais inovações nas práticas de ensino-aprendizagem, a obra contribui de forma decisiva ao discutir as implicações dessas abordagens para os subsistemas institucionais e como avaliar a efetividade dessas práticas.

O Capítulo 5 apresenta um guia muito rico das tecnologias disponíveis para a educação, combinando ferramentas mais tradicionais com soluções inovadoras. Destaco a relevância das implicações das tecnologias para subsistemas institucionais e a relevância das questões de privacidade e segurança.

Os casos apresentados na Parte II trazem exemplos concretos da implementação de iniciativas de TD em organizações que estão conduzindo esse processo de mudança, tanto em universidades tradicionais como em ações corporativas e globais de disseminação do conhecimento.

Parabenizo as autoras por esta publicação inovadora, relevante e muito necessária. Este livro oferece um guia para que organizações educacionais possam planejar e implementar com sucesso suas iniciativas de transformação digital. As autoras se destacam por sua capacidade de utilizar fontes científicas de qualidade para elaborar um texto claro e de inovar na aplicação da inteligência artificial generativa na estruturação do livro.

Por fim, reforço a recomendação das autoras no uso da tecnologia como um meio para cumprir objetivos organizacionais e educacionais, adotando uma abordagem ponderada, responsável e ética. Também ressalto a importância de uma postura crítica, que possibilite identificar as tecnologias e práticas adequadas para a organização, adaptando a proposta ao contexto e necessidade específicos, estabelecendo diretrizes e evitando modismos. Dessa forma, espera-se que a transformação digital melhore a experiência de aprendizagem, a organização e até a sociedade.

Aproveite a leitura e sucesso em seu projeto de transformação digital!

Liliana Vasconcellos
Coordenadora do curso de graduação em Administração
da Universidade de São Paulo

Coordenadora do DesignLab da Faculdade de Economia, Administração e
Contabilidade (FEA) da Universidade de São Paulo

Líder da linha de pesquisa "Gestão de Pessoas nas Organizações" do Programa de Pós-Graduação em Administração da Universidade de São Paulo

Professora do Departamento de Administração da Faculdade de Economia,
Administração, Contabilidade e Atuária da Universidade de São Paulo

Referências

[1] KRAUS, S.; DURST, S.; FERREIRA, J. J.; VEIGA, P.; KAILER, N., WEINMANN, A. Digital transformation in business and management research: an overview of the current status quo. **International Journal of Information Management**, v. 63, p. 1-18, 2022. https://doi.org/10.1016/j.ijinfomgt.2021.102466.

[2] ANTONOPOULOU, K.; BEGKOS, C.; ZHU, Z. Staying afloat amidst extreme uncertainty: a case study of digital transformation in Higher Education. **Technological Forecasting & Social Change**, v. 192, p. 1-13, 2023. https://doi.org/10.1016/j.techfore.2023.122603.

INTRODUÇÃO

Imagem criada com Microsoft Bing Image Creator em 09-10-2023.

No mundo interconectado de hoje, os sistemas educacionais enfrentam o desafio de se adaptar a novas tendências sociais, econômicas e do mercado de trabalho. Ao mesmo tempo que a globalização e a digitalização da sociedade aproximam as pessoas, é crucial capacitá-las com as habilidades necessárias para atuar em uma força de trabalho cada vez mais diversificada.

Muitas indústrias enfrentam a falta de habilidades, com os empregadores lutando para encontrar trabalhadores capazes de atuar na era digital. Alinhar os currículos com as necessidades do mercado de trabalho, promover a aprendizagem baseada em competências e usar as tecnologias para ensinar habilidades como codificação, análise de dados e design digital pode ajudar a preencher essa lacuna.

Além disso, as tecnologias também podem contribuir para a equidade e a inclusão social, expandindo o acesso à educação de alta qualidade para as camadas mais desfavorecidas. Modelos de aprendizagem online e híbridos, bem como recursos educacionais abertos, podem ajudar a derrubar as barreiras à educação, permitindo que mais pessoas adquiram as habilidades e conhecimentos necessários para viver e atuar em uma economia digital.

Por fim, a adoção das tecnologias na educação pode contribuir para o desenvolvimento sustentável, reduzindo o impacto ambiental dos métodos de aprendizagem tradicionais. A aprendizagem online reduz a necessidade de infraestrutura física e deslocamento, enquanto os recursos digitais podem substituir os materiais oferecidos em papel, conservando os recursos naturais e reduzindo o desperdício.

Assim, conectar o uso das tecnologias na educação com as tendências atuais da sociedade, da economia e do mercado de trabalho permite que educadores, gestores e tomadores de decisão preparem melhor os estudantes para os desafios e oportunidades do século XXI. É disso que se trata a transformação digital na educação. Como enfrentar esse desafio no nível organizacional, considerando as várias dimensões envolvidas, é a temática deste livro.

O QUE É TRANSFORMAÇÃO DIGITAL?

Há muitas rotas para a origem do termo "transformação digital", que dá título a esta obra. Em geral, atribui-se a expressão ao matemático Claude E. Shannon, fundador do campo de teoria da informação, que, em seu trabalho **A mathematical theory of communication** (em português, Teoria matemática da comunicação), de 1948, estabeleceu as bases de como produzir, transmitir, receber e interpretar sinais digitais.

No sentido empregado atualmente, porém, o estudo global conduzido pelo MIT Center for Digital Business e pela Capgemini Consulting, em 2011, foi um marco para refletir o movimento crescente e cada vez mais estratégico por meio do qual as organizações adotam tecnologias digitais para melhorar suas operações, o processo de tomada de decisão, os resultados e as experiências dos clientes, dos colaboradores, fornecedores e demais partes interessadas.

Em sequência, o World Economic Forum lançou, em 2015, a **Iniciativa de Transformação Digital (DTI – Digital Transformation Initiative)**, com uma visão unificada sobre o impacto das tecnologias digitais nas organizações do setor público e privado e na sociedade em geral.[1] Desde então, a transformação digital se tornou uma das questões mais relevantes em nível mundial na maioria dos setores, e isso antes da pandemia de covid-19, que tornou a adesão ao movimento um imperativo de sobrevivência.

Pode-se dizer que há uma correspondência estreita entre a TD e o que tem sido definido como a Quarta Revolução Industrial, ou Indústria 4.0. Na esteira de revoluções anteriores, Klaus Schwab, fundador e presidente do Fórum Econômico Mundial, caracteriza essa etapa histórica mais recente como um fenômeno em que a fusão de tecnologias provoca o desaparecimento das fronteiras entre o físico, o digital e o biológico. Inovações como inteligência artificial (IA), robótica, Internet das Coisas (IoT), animação 3D, nanotecnologia, ciência de dados, entre muitas outras, transformam a vida, o trabalho e a forma como as pessoas se relacionam, assim como com todos os sistemas de produção, gestão e governança.

Figura I.1 – As quatro revoluções tecnológicas.

Revolução	Ano	Informação
 ⚙️	1	1784	Energia a vapor, água, equipamentos de produção mecânica
 💡	2	1870	Divisão de trabalho, eletricidade, produção em massa
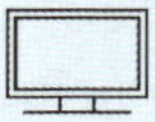 🖥️	3	1969	Eletrônica, tecnologia da informação, produção automatizada
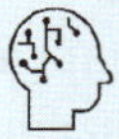 🧠	4	?	Sistemas ciberfísicos

Fonte: Schawb (2016, livre tradução).[2]

Quando comparada com as revoluções industriais anteriores, o que destaca a Quarta Revolução é o fato de ela evoluir a um ritmo exponencial, e não linear. Na verdade, o avanço é tão acelerado que já se fala em uma **segunda onda de transformação digital** – a era da nova economia das máquinas inteligentes.[3] Nessa era, as máquinas não estão substituindo, mas se juntando aos seres humanos como participantes inteligentes em um ambiente impulsionado pela inteligência artificial.

Muitas empresas mergulharam na primeira onda de TD quando investiram em tecnologia da informação. Essa onda nos deu a capacidade de fazer pesquisas e realizar transações comerciais usando um navegador ou dispositivo móvel e acessar ferramentas de colaboração que torna(ra)m o trabalho remoto possível.

De forma resumida, a primeira onda da TD está focada principalmente em seres humanos usando tecnologias para encontrar dados e informações, conectar-se com outros seres humanos e realizar tarefas de modo mais eficiente.

A segunda onda da TD, por sua vez, refere-se às operações entre as próprias ferramentas, as quais se tornam mais ágeis e permitem manipulações mais rápidas de dados e processos de tomada de decisão. Dispositivos autônomos estão ficando no passado. Um dispositivo de monitoramento cardíaco atual, por exemplo, que no passado tinha a única função de medir a frequência cardíaca, hoje pode transmitir os dados de um paciente para um médico ou disparar um alarme em tempo real quando os resultados se mostram perigosos para a saúde. Redes de energia impulsionadas por IA podem gerenciar automaticamente a produção e o uso de recursos energéticos distribuídos. E até mesmo carros autônomos – a despeito da frustração com os testes da Tesla – podem se comunicar com a infraestrutura viária em tempo real, detectar outros carros nas proximidades e agir com base nessas informações para iniciar a prevenção de acidentes.

A segunda onda da TD se firma em cenários descritos como *phygital* (físico + digital), nos quais produtos físicos e máquinas ainda podem ser necessários, mas o valor potencial está nas funcionalidades digitais sobrepostas a produtos físicos ou na possibilidade de os produtos físicos em si serem transformados ao incorporar funcionalidades digitais, como sensores e software embarcado.

Aplicativos baseados em nuvem, ferramentas de automação de negócios, robótica e dispositivos inteligentes (incluindo IoT e tecnologias vestíveis) acenam para uma transição das tecnologias de informação para as tecnologias operacionais.

Isso tudo pode afetar sistemas inteiros de produção, gestão e governança em quase todas as indústrias de todos os países – do transporte automatizado de pessoas e cargas à agricultura de precisão viabilizada por satélites espaciais e sensores tecnológicos em terra.

TRANSFORMAÇÃO DIGITAL NA EDUCAÇÃO

Há um conjunto de transformações acontecendo no cerne da educação: novas metodologias de ensino-aprendizagem, novos papéis para professores e estudantes, novas formas de produzir e distribuir o conhecimento, novos *players* na provisão de soluções educacionais e na certificação de competências adquiridas. Todo esse campo de forças em movimento compõe o que vem sendo chamado por alguns de Educação 4.0[4] ou mesmo Educação 5.0.[5]

Um conceito relacionado a isso é o de *smart education* (educação inteligente), definido como um modelo de aprendizagem interativo, colaborativo e visual projetado para aumentar o envolvimento dos alunos e permitir que os professores se adaptem a suas habilidades, interesses e preferências.[6] Essa ideia está fortemente atrelada ao conceito de *smart cities* (cidades inteligentes), o qual reconhece a necessidade de instalações e sistemas educacionais que assegurem aos alunos o desenvolvimento das competências do século XXI, incluindo alfabetização digital, pensamento criativo, comunicação eficaz, trabalho em equipe e capacidade de criar projetos de alta qualidade.[7]

Retomando o conceito de **transformação digital na educação**, uma definição mais formal aponta para "uma série de mudanças profundas e coordenadas na cultura, força de trabalho e tecnologia que possibilitam novos modelos educacionais e operacionais e transformam o modelo de negócios, direções estratégicas e proposta de valor de uma instituição".[8] Nessa perspectiva, mais que disponibilizar cursos online ou implementar um sistema empresarial mais moderno, o que está em jogo é uma verdadeira transformação organizacional.

De fato, a Educause[*] distingue três processos para melhor compreensão da TD: a digitização (que envolve a transição das informações físicas ou analógicas para o formato digital), a digitalização (focada nos processos e operações organizacionais, como folha de pagamento, compras, administração de pesquisa e até a oferta de cursos) e algo muito mais complexo e impactante: a transformação digital propriamente dita (um esforço intencional e coordenado de toda a organização educacional, incluindo cultura, força de trabalho e as tecnologias empregadas).

Figura I.2 – Os processos DDD para a transformação digital na educação segundo a Educause.

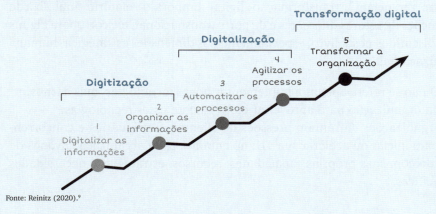

Fonte: Reinitz (2020).[9]

---

[*] A Educause é uma associação sem fins lucrativos cuja missão é promover o ensino superior pelo uso da tecnologia da informação. A adesão está aberta a instituições de ensino superior, corporações que atendem o mercado de tecnologia da informação do ensino superior e outras associações e organizações relacionadas. Ver https://www.educause.edu/.

Com base nessa visão, a Educause propõe uma jornada completa de transformação digital (Dx Journey) para as instituições de ensino superior.[10] Mas ela não é a única a pavimentar o caminho para a TD nas organizações; na seção a seguir, exploramos alguns *frameworks* que abrangem contextos diversos e fornecem uma visão ampliada do que está envolvido nessa jornada.

FRAMEWORKS PARA TRANSFORMAÇÃO DIGITAL

Um *framework* fornece uma estrutura conceitual sólida que ajuda a definir e compreender os principais elementos e dimensões da TD. Por essa razão, ajuda as organizações a definir metas, prioridades e ações específicas.

Cada *framework* pode ser adaptado ao contexto específico de uma organização. O do MIT & Capgemini (2011), por exemplo, embora se concentre em grandes organizações de diferentes setores econômicos, permite avaliar o estado atual de maturidade de uma organização, além de ser uma referência clássica em TD. Os *frameworks* da HolonIQ e da Jisc, por sua vez, são específicos para o ensino superior, o que os tornam mais valiosos no contexto deste livro. Eles podem ser usados para desenvolver uma visão clara e planos de ação para iniciativas de TD em contextos educacionais.

Digital Transformation: A Roadmap for Billion-Dollar Organizations (MIT & Capgemini, 2011)

Esse estudo global[11] foi conduzido em 2011 pelo MIT Center for Digital Business** e pela Capgemini Consulting*** sobre como 157 executivos em 50 grandes empresas gerenciam a transformação digital. Embora o relatório final aborde organizações de setores diferentes e de porte transnacional, ele corrobora alguns pontos discutidos neste livro, especialmente nas dimensões estratégica, humana e organizacional:

- A TD não se refere apenas a implementar novas tecnologias, mas a transformar a organização para aproveitar efetivamente essas tecnologias.
- As organizações enfrentam pressões de clientes, funcionários e concorrentes para iniciar ou acelerar sua TD; no entanto, cada organização avança de acordo com suas próprias capacidades, recursos, estratégias e necessidades específicas.

** O MIT Center for Digital Business, centro de pesquisa na MIT Sloan School of Management, foi fundado em 1999 com a missão de compreender e moldar a transformação digital dos negócios. Ver https://ide.mit.edu/.

*** Capgemini Consulting é uma marca global de consultoria especializada em apoiar organizações na transformação de seus negócios, do desenvolvimento de estratégia inovadora à execução, com foco consistente em resultados sustentáveis. Ver www.capgemini-consulting.com.

- A liderança é essencial na TD. O desafio é reimaginar e impulsionar a mudança na forma como a empresa opera, o que é um desafio de gestão e pessoas, não apenas tecnológico.
- Apesar do *hype* em torno de tecnologias digitais disruptivas, a maioria das organizações ainda tem um longo caminho a percorrer em sua jornada de TD.

De forma resumida, de acordo com esse *framework*, as iniciativas mais bem-sucedidas se concentram em reimaginar a experiência do cliente, os processos operacionais e os modelos de negócios. Desses três pilares derivam nove *building blocks* (elementos fundamentais) para a TD (Figura I.3). Esses blocos significam basicamente mudar o modo como as coisas funcionam, redefinir como elas se relacionam e ampliar as fronteiras organizacionais.

Figura I.3 – Os nove *building blocks* para a TD.

Fonte: MIT & Capgemini (2011, livre tradução).

Por fim, o relatório introduz o conceito de maturidade em TD – que é definida pela intensidade digital (o que a organização implementa) e pela intensidade da gestão da transformação (como ela conduz a transformação). Uma matriz de maturidade digital permite classificar as organizações conforme a ênfase nesses aspectos (Figura I.4).

XXI

Figura I.4 – Matriz de maturidade digital.

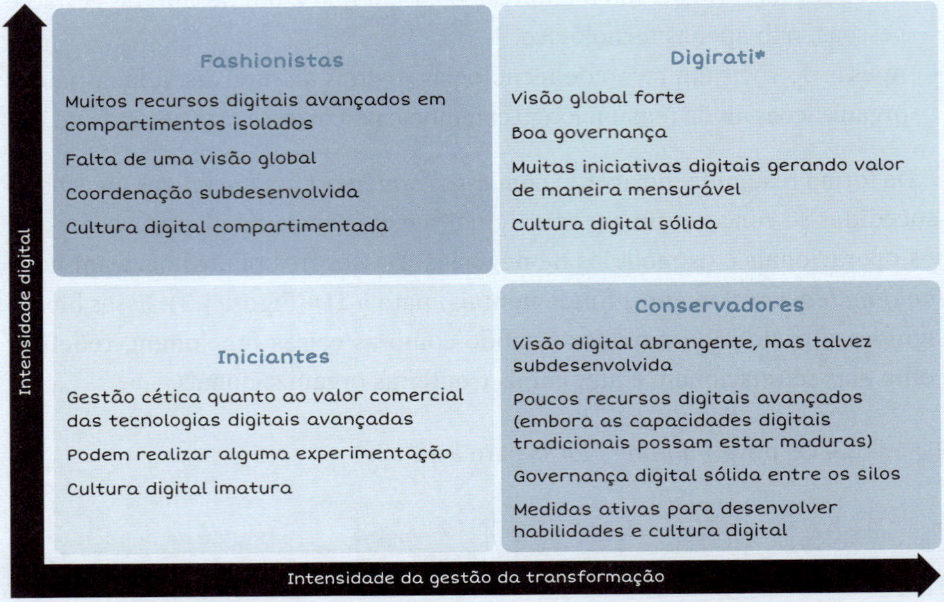

Fashionistas

Muitos recursos digitais avançados em compartimentos isolados

Falta de uma visão global

Coordenação subdesenvolvida

Cultura digital compartimentada

Digirati*

Visão global forte

Boa governança

Muitas iniciativas digitais gerando valor de maneira mensurável

Cultura digital sólida

Iniciantes

Gestão cética quanto ao valor comercial das tecnologias digitais avançadas

Podem realizar alguma experimentação

Cultura digital imatura

Conservadores

Visão digital abrangente, mas talvez subdesenvolvida

Poucos recursos digitais avançados (embora as capacidades digitais tradicionais possam estar maduras)

Governança digital sólida entre os silos

Medidas ativas para desenvolver habilidades e cultura digital

Intensidade digital (eixo vertical)

Intensidade da gestão da transformação (eixo horizontal)

* "Digirati" é a contração dos termos *digital* e *literati* (do italiano "literato"), usada para se referir a pessoas que estão na vanguarda do desenvolvimento tecnológico.

Fonte: MIT & Capgemini (2011, livre tradução).

Higher Education Digital Capability Framework (HolonIQ, 2020)

Em 2018, a HolonIQ**** lançou um *framework* (atualizado em 2020)[12] que identifica as principais capacidades que sustentam o ensino superior digital. Com base na investigação acadêmica e na contribuição de líderes do ensino superior em nível mundial, ele oferece uma visão abrangente para as instituições mapearem e medirem suas capacidades digitais durante o ciclo de vida do aluno.

As capacidades institucionais são mapeadas em quatro dimensões conectadas ao longo do ciclo de vida. Essas dimensões são subdivididas em dezesseis domínios e mais de setenta blocos de capacidade, como mostra a Figura I.5.

**** HolonIQ é uma plataforma de inteligência fundada em 2018 para fornecer a governos, empresas e investidores de todo o mundo dados, insights e análises sobre mais de 150 segmentos da economia de impacto, incluindo educação, saúde, energia, meio ambiente, empreendedorismo social e responsabilidade social corporativa. Para mais informações, ver https://www.holoniq.com/.

Figura I.5 – Higher Education Digital Capability Framework.

Demanda e Descoberta (DD)

Estratégia de produto	Insights e tendências de mercado	Necessidades do cliente	Competidores e alternativas	Novos modelos de negócio	
Processos de marketing	CRM dos estudantes	Comunicação e campanha de marketing	Automação de marketing	Mídias sociais	
Recrutamento de estudantes	Eventos de recrutamento	Programas de incentivo	Divulgação em escolas e comunidade	Programas de bolsas	Recrutamento & programas de parceria
Gestão de matrículas	Seleção de curso & orientação	Inscrição & admissões	Convalidação de estudos	Financiamento de mensalidades	

Learning Design (LD)

Design de currículo	Princípios de design digital	Estrutura do programa	Ambiente e plataformas de aprendizagem	Modelos de entrega de aprendizagem	Acreditação	Gestão de qualidade de currículo
Conteúdo digital & courseware	Criação de conteúdo digital	Imersão, simulação e labs	REA & licenciamento de conteúdo	Gestão integrada de conteúdos		
SME	Design para aprendizagem digital	Corpo docente e especialistas	Busca & gestão de expertise	Parceiros especialistas da indústria		
Estratégias de ensino	Necessidades & analítica do aprendiz	Design de avaliação	Aprendizagem experiencial	Design de grupos de trabalho	Aprendizagem personalizada & adaptativa	

Experiência do aprendiz (LX)

Gestão acadêmica	Desenvolvimento profissional docente	Gestão e suporte a docentes	Gestão de calendário e agenda	Retenção & suporte à aprendizagem	Conformidade regulatória	
Aprendizagem & experiência acadêmica	Portal do estudante & LMS	Aprendizagem síncrona	Aprendizagem assíncrona	Aprendizagem interativa & serviços	Recursos didáticos	Serviços de biblioteca
Vida estudantil	Onboarding & integração	Bem-estar & saúde mental	Clubes & sociedades estudantis	Voluntariado & bolsa de estudo	Voz do aprendiz & pesquisas	Programas de intercâmbio
Avaliação & verificação	Testes & exames	Portfolios & práticas	Feedback da avaliação	Avaliação em pares e grupos	Badges & credenciais	Graduação & sucesso

Trabalho e aprendizagem continuada (WL)

Aprendizagem integrada ao trabalho	Desenvolvimento de habilidades profissionais	Simulação de ambiente profissional	Estágios & efetivações	Trabalho do estudante	Empreendedorismo & startups
Planejamento de carreira & colocação	Avaliação de habilidades	Serviços de planejamento de carreira	Eventos de carreira & recrutamento	Apoio à candidatura em vagas de emprego	Busca de emprego & colocação
Engajamento na indústria & negócios	Colaboração & parcerias com a indústria	Associações profissionais & setoriais	Programas customizados (B2B)	Educação como benefício do emprego	
Alumni e educação continuada	Educação continuada	Mentoria na indústria	Engajamento de ex-alunos		

Fonte: HolonIQ (2020, livre tradução).

Framework for Digital Transformation in Higher Education (Jisc, 2023)

Esse *framework*, desenvolvido pelo Jisc[*****] em 2023,[13] é voltado especificamente para o ensino superior e oferece uma estrutura para orientar o desenvolvimento de uma visão e um planejamento estratégico que fomentem e racionalizem processos administrativos e operações e incentivem parcerias para colaboração. O documento destaca a forma como as políticas e os processos organizacionais podem se alinhar para promover abordagens intergrupos e reduzir a complexidade e a fragmentação dos processos.

O *framework* é organizado em seis elementos, detalhados na Figura I.6, e enfatiza o uso inteligente de informações e dados, a inovação e o impacto do conhecimento por meio de redes sociais e de aprendizagem colaborativas. Pode ser usado para desenvolver uma visão estratégica para a transformação digital e planos de ação.

Figura I.6 – Framework for Digital Transformation in Higher Education.

Cultura digital da organização	Criação de conteúdo e inovação	Desenvolvimento de conhecimento	Gestão e uso do conhecimento	Troca de conhecimento e parcerias	Infraestrutura digital e física
Cultura e mentalidade digital	Visão digital de escaneamento horizontal	Desenvolvimento de currículo	Gestão e uso da informação	Comunicação	Infraestrutura digital robusta
Identidade organizacional	Pesquisa	Aprendizagem digital	Gestão e uso de dados	Colaboração	Conectividade digital
Bem-estar organizacional	Inovação	Ensino digital	Inteligência de negócios	Participação na comunidade	Suporte digital
Mudança organizacional	Impacto mais amplo	Experiência do aprendiz	Tomada de decisão	Gestão de relacionamentos	Gestão de propriedades

Fonte: Jisc (2023, p. 10-11, livre tradução).

[*****] Jisc é a agência digital de dados e tecnologia do Reino Unido, focada em educação superior, pesquisa e inovação. É uma organização sem fins lucrativos, fundada em 1993, cujo objetivo é ajudar os membros a usar a tecnologia para melhorar o ensino e a aprendizagem, a pesquisa e a inovação. Ver https://www.jisc.ac.uk.

O *FRAMEWORK* DESENVOLVIDO PARA ESTE LIVRO

Como vimos nos vários modelos e *frameworks* consultados, a transformação digital vai além da mera adoção da tecnologia; diz respeito a uma abordagem holística que envolve várias dimensões – do direcionamento estratégico a aspectos organizacionais, de questões relacionadas à cultura e às pessoas até chegar, evidentemente, aos recursos tecnológicos –, cada uma desempenhando um papel vital na formação do futuro da organização educacional. Ao entender e abordar essas dimensões, os gestores e tomadores de decisão podem criar uma estratégia abrangente e eficaz para abraçar a TD em suas organizações.

Nas muitas discussões que precederam a finalização deste livro, optamos por elencar cinco dimensões que consideramos essenciais para a TD na educação e que são abordadas na primeira parte da obra:

1. **Dimensão Estratégica –** uma estratégia bem definida e abrangente é essencial para impulsionar a transformação digital. Essa dimensão orienta os líderes no desenvolvimento de um plano estratégico que incorpora o contexto, as metas e os recursos exclusivos de sua organização e alinha as iniciativas de transformação digital com os objetivos de longo prazo e a sustentabilidade.
2. **Dimensão Humana –** as pessoas envolvidas no processo educacional são fundamentais para o sucesso da transformação digital. Essa dimensão enfatiza a necessidade de promover uma cultura de inovação, prontidão digital e resiliência entre professores, funcionários e alunos, além de abordar a equidade e inclusão digitais.
3. **Dimensão Organizacional –** a estrutura e a cultura de uma instituição de ensino podem permitir ou dificultar a transformação digital. Essa dimensão explora a criação de estruturas organizacionais ágeis e escaláveis e o papel das parcerias e colaborações no apoio e aceleração dos esforços de transformação digital.
4. **Dimensão de Ensino-aprendizagem –** crucial para o sucesso da transformação digital é a integração da tecnologia com práticas inovadoras de ensino e aprendizagem. Essa dimensão aborda o desenvolvimento e a adoção de novas abordagens educacionais, como personalização, sala de aula invertida e aprendizagem baseada em competências, para melhorar os resultados e o engajamento dos alunos.
5. **Dimensão Tecnológica –** essa dimensão centra-se na seleção, implementação e integração de hardware, software e infraestrutura apropriados para apoiar os processos de ensino, de aprendizagem e administrativos. Também abrange a tomada de decisões baseada em dados, a segurança de dados e a exploração de tecnologias emergentes.

De forma visual, elas estão representadas na Figura I.7, que também abarca os subsistemas de gestão & administração, instrução e suporte como partes significativas do sistema educacional mais amplo:

Figura I.7 – *Framework* para transformação digital na educação.

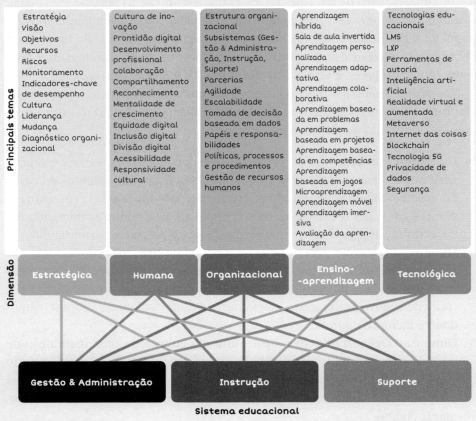

Fonte: elaborado pelas autoras.

CONSIDERAÇÕES FINAIS

À medida que exploramos as complexidades da transformação digital na educação, convidamos você, leitor e leitora, a embarcar em uma jornada de descoberta neste livro. As páginas que seguem oferecem uma visão aprofundada das várias dimensões envolvidas na transformação digital.

Como destacado anteriormente, a TD não trata apenas da adoção de tecnologias; é uma mudança de mentalidade e cultura que incentiva a inovação, abraça a mudança e prioriza a experiência do usuário. É um processo que requer liderança, inovação e visão estratégica.

Em cada capítulo subsequente, você encontrará insights valiosos, estudos de caso inspiradores e estratégias práticas para enfrentar os desafios e as oportunidades da era digital na educação.

Convidamos você a explorar estas páginas com mente aberta e a considerar a forma como os conceitos e *frameworks* apresentados podem ser aplicados a sua realidade educacional. A transformação digital é um caminho inevitável, e este livro é seu guia nessa jornada emocionante e transformadora. Boa leitura!

Referências

[1] Disponível em: https://report.weforum.org/digital-transformation/. Acesso em: 15 fev. 2024.

[2] SCHWAB, K. **A Quarta Revolução Industrial**. São Paulo: Edipro, 2016.

[3] KHOLODNYI, A.; RIVER, W. The second wave of digital transformation: the new intelligent machine economy calls for modern ways of development. **Forbes**, Aug 4, 2022. Disponível em: https://www.forbes.com/sites/windriver/2022/08/04/the-second-wave-of-digital-transformation-the-new-intelligent-machine-economy-calls-for-modern-ways-of-development/?sh=67c3a2f234f1. Acesso em: 5 maio 2023.

[4] SHARMA, P. Digital Revolution of Education 4.0. **International Journal of Engineering and Advanced Technology**, v. 9, p. 3558-3564, 2019. Disponível em: https://pt.scribd.com/document/469236370/A1293109119#. Acesso em: 15 jun. 2023. Ver também SHARMA, R. C.; GARG, S. Technology 4.0 for Education 4.0: innovations, challenges & opportunities in India. **Revista da FAEEBA – Educação e Contemporaneidade**, v. 30, p. 198-209, 2021. Disponível em: http://educa.fcc.org.br/scielo.php?script=sci_arttext&pid=S0104-70432021000400198. Acesso em: 15 jun. 2023; OLIVEIRA, K. K. S.; SOUZA, R. A. C. Digital Transformation towards Education 4.0. **Informatics in Education**, v. 21, n. 2, p. 283-309, 2022. Disponível em: https://www.researchgate.net/publication/354259936_Digital_Transformation_towards_Education_40. Acesso em: 21 jun. 2023.

[5] FILATRO, A.; LOUREIRO, A. C. **Novos produtos e serviços para a Educação 5.0**. São Paulo: Artesanato Educacional, 2020; ALHARBI, A. M. Implementation of Education 5.0 in developed and developing countries: a comparative study. **Creative Education**, v. 14, n. 5, May 2023. Disponível em: https://www.scirp.org/journal/paperinformation.aspx?paperid=125022. Acesso em: 18 jun. 2023.

[6] USKOV, V. L.; HOWLETT, R. J. **Smart education and smart e-learning**. New York: Springer, 2015. *E-book*; FILATRO, A. **Data Science na educação.** São Paulo: Saraiva, 2021.

[7] A esse respeito, ver LIU, D.; HUANG, R.; WOSINSKI, M. **Smart learning in smart cities** (lecture notes in educational technology). Springer Singapore, 2017. *E-book*.

[8] BROWN, M. *et al.* Digital transformation signals: is your institution on the journey? **Enterprise Connections** (blog), Educause Review, May 12, 2020. Disponível em: https://er.educause.edu/blogs/2019/10/digital-transformation-signals-is-your-institution-on-the-journey. Acesso em: 20 abr. 2023.

[9] REINITZ, B. Consider the three Ds when talking about digital transformation. Enterprise Connections (blog), Educause Review, June 1, 2020. Disponível em: https://er.educause.edu/blogs/2020/6/consider-the-three-ds-when-talking-about-digital-transformation. Acesso em: 22 abr. 2023.

[10] Para uma exploração mais completa da jornada de transformação digital (Dx) para as instituições de ensino proposta pela Educause, ver https://dx.educause.edu/.

[11] Disponível em: https://capgemini.com/wp-content/uploads/2017/07/Digital_Transformation__A_Road-Map_for_Billion-Dollar_Organizations.pdf. Acesso em: 3 abr. 2023.

[12] Disponível em: www.digitalcapability.org/docs/HolonIQ_HEDC_Framework_Sep_2020.pdf. Acesso em: 20 abr. 2023.

[13] McGILL, L. Framework for digital transformation in higher education. **Jisc**, 7 March 2023. Disponível em: https://beta.jisc.ac.uk/guides/framework-for-digital-transformation-in-higher-education. Acesso em: 20 abr. 2023.

PARTE I
AS CINCO DIMENSÕES DA TRANSFORMAÇÃO DIGITAL NA EDUCAÇÃO

Imagem criada com Microsoft Bing Image Creator em 09-10-2023.

CAPÍTULO 1
A DIMENSÃO ESTRATÉGICA
O PONTO DE PARTIDA DA TRANSFORMAÇÃO DIGITAL

Imagem criada com Microsoft Bing Image Creator em 09-10-2023.

Navegar na jornada da transformação digital (TD) requer mais que a simples integração de ferramentas digitais. Exige reinventar a forma como as organizações educacionais funcionam e promovem a aprendizagem.

Como vimos na Introdução, a jornada da TD é complexa e multifacetada. Não é um processo linear, envolve várias dimensões.

A dimensão estratégica, que constitui o cerne deste capítulo, é onde a jornada começa. Aqui, abordamos o papel crítico dos líderes em capitanear a TD, seu planejamento estratégico e seu alinhamento com a visão, a missão e as metas de longo prazo da organização.

O QUE ESPERAR DESTE CAPÍTULO

Este capítulo foi especialmente projetado para orientar você na compreensão dessa dimensão, fornecendo-lhe o conhecimento e as ferramentas necessárias para navegar com sucesso nessa jornada transformadora. Serve como um guia prático para líderes, oferecendo insights valiosos e orientações passo a passo no desenvolvimento de uma estratégia robusta de transformação digital.

Para isso, o capítulo traz uma variedade de tópicos cruciais que incluem a avaliação do estado atual da organização, o estabelecimento de uma visão clara para a TD, o envolvimento efetivo das partes interessadas, a formação de parcerias estratégicas para garantir a sustentabilidade e o alinhamento com metas de longo prazo e a importância do aprimoramento contínuo.

Ao final deste capítulo, espera-se que você tenha desenvolvido percepções sobre o planejamento estratégico para a transformação digital. Você terá à disposição as ferramentas e os conhecimentos necessários para liderar sua organização rumo a uma transformação digital bem-sucedida, abrindo caminho para experiências de aprendizagem aprimoradas e eficácia organizacional na era digital.

1.1 A INICIATIVA DE TRANSFORMAÇÃO DIGITAL

Uma **iniciativa de transformação digital** é um esforço estratégico, organizado e orientado por propósitos para aproveitar o potencial das tecnologias digitais e reformular os sistemas e as práticas de uma organização educacional, aprimorando o valor entregue aos seus *stakeholders.* Essa iniciativa exige uma visão abrangente dos objetivos, recursos e capacidades da instituição e uma transformação holística das abordagens estratégicas, metodologias de aprendizagem, infraestrutura tecnológica, interações humanas e estrutura organizacional.

Uma iniciativa de TD bem-sucedida segue um plano estratégico claro que guia a organização desde a visualização do futuro digital até a efetiva implementação e iteração da transformação na prática. Isso envolve estabelecer uma visão clara para a transformação digital, alinhá-la aos objetivos estratégicos organizacionais, identificar objetivos mensuráveis, alocar os recursos necessários, gerenciar riscos potenciais, promover uma cultura digital e monitorar e aprimorar continuamente o processo de transformação.

1.2 O COMITÊ DE TRANSFORMAÇÃO DIGITAL

Para colocar em prática uma iniciativa de TD, recomenda-se a criação de um grupo dedicado a ela dentro da organização, uma espécie de **Comitê de Transformação Digital**. Esse grupo é responsável pelo planejamento da TD, sua coordenação e o acompanhamento da sua implementação. Atua como a força estratégica orientadora da iniciativa de TD, assegurando que todos os esforços estejam alinhados, focados e voltados para os objetivos gerais da instituição.

Instituir um Comitê de Transformação Digital é uma forma de aplicar a ideia de **ambidestria organizacional** – conceito que busca equilibrar os movimentos de exploração e explotação em uma organização, ou seja, buscar novas oportunidades e inovar ao mesmo tempo que se mantêm a eficiência operacional e a sustentação do negócio.

A exploração cuida do refinamento e melhoria contínua de produtos e serviços existentes, do aumento da produtividade, da eficiência operacional e da qualidade dos produtos e serviços, assim como da redução de custos.

Já a explotação se concentra na busca por novas oportunidades de mercado, na pesquisa e desenvolvimento de novas tecnologias, na experimentação de novos modelos de negócios, na criação de novos produtos ou serviços e na análise de tendências e mudanças no ambiente externo.

A combinação de exploração e explotação é considerada uma estratégia ideal para a inovação, pois permite que a organização acesse novas oportunidades e inove mantendo a eficiência operacional e a sustentação do negócio.

Um Comitê de Transformação Digital é tipicamente multidisciplinar e multifuncional; inclui representantes de vários departamentos e níveis dentro da organização, da liderança executiva à TI, passando por secretaria acadêmica, área de serviços e suporte aos alunos, recursos humanos e demais setores. A diversidade dessa equipe contribui para uma abordagem holística da TD que considera e aborda as necessidades e perspectivas de todos os envolvidos.

Em geral, esse comitê é capitaneado por um Líder de Transformação Digital designado, que pode ser um Chief Digital Officer, um membro da equipe executiva ou qualquer outro líder com autoridade, visão e influência para impulsionar os esforços de transformação. Essa pessoa é responsável pela execução geral da iniciativa, assegurando seu alinhamento com os objetivos estratégicos, gerenciando os recursos e enfrentando quaisquer desafios que possam surgir.

Em termos de governança, é necessário estabelecer estruturas e processos claros para orientar a tomada de decisões ao longo da jornada de TD. Isso inclui definir papéis e responsabilidades, estabelecer protocolos para tomadas de decisão, definir métricas de desempenho e criar canais de comunicação para coordenação e feedback.

É importante considerar que, embora o comitê lidere a iniciativa de TD, trata-se de um esforço que abrange toda a organização. Portanto, o engajamento e a colaboração de todos na instituição, como será enfatizado nas dimensões humana e organizacional, são fundamentais para o avanço da TD. Isso ressalta a necessidade de uma comunicação clara e consistente e do envolvimento de todas as partes na iniciativa, garantindo uma compreensão compartilhada e o comprometimento com a visão de TD.

1.3 A NECESSIDADE DE TRANSFORMAÇÃO DIGITAL E O ESTADO ATUAL DA ORGANIZAÇÃO

O primeiro ponto que o Comitê de TD precisa considerar são as tendências futuras em educação e tecnologia e como elas podem impactar a organização. Entre elas se encontram tanto as oportunidades a serem aproveitadas, como as tecnologias emergentes (ver Capítulo 5) ou novas estratégias pedagógicas (ver Capítulo 4), quanto os desafios potenciais que possam dificultar a jornada de TD.

Ao mesmo tempo, o Comitê de TD deve analisar o estado atual da organização em termos de infraestrutura tecnológica existente, habilidades dos funcionários, metodologias de ensino e aprendizagem atuais e cultura organizacional. Dessa forma, o comitê poderá identificar lacunas e áreas nas quais a TD pode ter um impacto mais significativo.

Esse processo requer o engajamento dos *stakeholders*, entre os quais estão estudantes, educadores, especialistas, gestores e parceiros externos, de modo que suas necessidades e expectativas possam ser consideradas. O comitê pode gerar sua participação e obter feedback por meio de pesquisas, grupos de discussão e entrevistas. Essa avaliação o ajudará a priorizar iniciativas e alocar recursos de forma eficaz.

É importante ser realista e considerar também a capacidade da organização para a mudança. Isso envolve avaliar seus recursos financeiros e humanos, o tempo e a prontidão geral para a mudança dentro dela.

1.4 UMA VISÃO PARA A INICIATIVA DE TRANSFORMAÇÃO DIGITAL

Para conduzir uma iniciativa de TD bem-sucedida, é imprescindível estabelecer uma visão bem definida que sirva como força orientadora.[1] Ela precisa articular claramente o estado desejado para a organização como resultado do processo de TD e deve estar alinhada com a missão e os objetivos organizacionais, como já enfatizado.

É possível que, no processo de definição daquilo que se deseja, a missão e os objetivos originais da organização precisem ser alterados. Não é incomum que os efeitos da TD em instituições incluam a necessidade de repensar sua missão e propósito.

A visão abrange o futuro almejado para a organização na era digital – por exemplo, uma visão de TD pode ser criar um ambiente de aprendizagem inclusivo, empoderado pelas tecnologias, que atenda às diversas necessidades dos estudantes.

Um exemplo real de visão vem da DIS (Deira International School).[2] Primeiro, a visão organizacional da escola aponta para:

> Criar uma comunidade de aprendizado multicultural excepcional que capacita os estudantes a atingirem seu potencial, tornando-se aprendizes ao longo da vida e cidadãos globais responsáveis.

A visão de TD, alinhada a essa macrovisão, é:

> Criar estudantes capacitados digitalmente que estejam preparados para se tornarem cidadãos globais responsáveis no futuro.

Assim, a visão para a TD deve ir além da mera integração tecnológica e enfatizar os benefícios tangíveis que a transformação trará para estudantes, educadores e para a experiência educacional como um todo.

Além disso, criar uma visão cativante também é uma forma inspirar e motivar os *stakeholders*, promovendo uma compreensão compartilhada da jornada transformadora que está por vir e pavimentando o caminho para mudanças organizacionais significativas e impactantes.

Uma visão estratégica bem definida orienta as demais dimensões da TD. Começando pela dimensão humana, ela promove uma cultura de prontidão digital que abraça a necessidade de mudança. A visão se desdobra na dimensão organizacional, informando e moldando a estrutura e os objetivos da organização.

A dimensão de ensino-aprendizagem também é influenciada por essa visão, que inspira a seleção de estratégias pedagógicas e ferramentas tecnológicas alinhadas com o futuro projetado. Por fim, a dimensão tecnológica apoia a concretização da visão, viabilizando a criação de um ambiente de aprendizagem que atenda às necessidades dos estudantes.

1.5 OBJETIVOS ESTRATÉGICOS E PRIORIDADES

Os objetivos estratégicos servem como princípios orientadores para uma iniciativa de TD. Eles ajudam a definir o que a organização pretende alcançar, traçando um caminho claro e tornando os esforços de transformação focados e orientados para metas.

É o Comitê de TD, em consulta com outros *stakeholders*, que define os objetivos estratégicos para a iniciativa. Isso requer uma compreensão profunda da missão, visão e metas estratégicas da instituição, bem como das oportunidades e desafios apresentados pelas tecnologias digitais.

Nessa etapa devem ser consideradas perguntas como:

- O que pretendemos melhorar ou mudar por meio da TD?
- Como a transformação digital se alinha com a missão e a visão da nossa instituição?
- Como mediremos o sucesso dessa iniciativa?

Com base nos objetivos estratégicos, o Comitê de TD determina as prioridades para a iniciativa. Para isso, avalia a importância, a viabilidade e o impacto de cada objetivo e decide quais devem ser buscados primeiro.

O comitê deve garantir que os objetivos estratégicos e as prioridades estejam alinhados com os esforços nas dimensões humana, organizacional, de ensino-aprendizagem e tecnológica. Ele também os comunica aos *stakeholders* a fim de que todos busquem as mesmas metas.

Vale lembrar que os objetivos estratégicos devem ser mensuráveis. Definir como será medido o sucesso para cada objetivo usando indicadores-chave de desempenho (KPIs) ajudará a organização a monitorar o progresso e ajustar sua estratégia conforme necessário.[3]

1.6 ALOCAÇÃO DE RECURSOS

A TD nas organizações educacionais requer investimentos estratégicos em recursos financeiros, humanos e temporais. Além de alocar orçamento para atualizações tecnológicas e contratação de profissionais com habilidades digitais, é crucial investir na capacitação em letramento e fluência digital do corpo docente e considerar o tempo para adaptação e aprendizagem.

Como parte de sua supervisão estratégica, o Comitê de TD tem poder de decisão sobre a alocação de recursos relacionados à iniciativa em geral ou a determinados projetos. Considera, para isso, os recursos financeiros, humanos, tecnológicos e organizacionais necessários para alcançar os objetivos estratégicos estabelecidos. O comitê também avalia o impacto potencial da alocação de recursos em diferentes áreas da organização, visando ao equilíbrio entre as necessidades da TD e as operações em curso.

É importante ter em mente que nem todos os aspectos da TD são abordados de uma só vez. O comitê deve definir quais objetivos ou projetos priorizar com base em sua conformidade com a visão organizacional, o impacto esperado e os recursos disponíveis.

Assim, o comitê é responsável por desenvolver um orçamento que detalhe os custos estimados para cada aspecto da TD, o qual deve ser revisado regularmente e ajustado conforme necessário, lembrando que a supervisão da distribuição de recursos implica a coordenação entre líderes de diferentes áreas da organização.

1.7 GERENCIAMENTO DE RISCOS

A TD pode apresentar riscos, desde ameaças à segurança de dados até a explosão de custos, passando por movimentos explícitos ou implícitos de resistência à mudança.

O comitê deve pensar nos possíveis riscos associados à TD em sua organização, levando em conta diferentes esferas de atuação:

- **riscos tecnológicos** – por exemplo, falhas tecnológicas, ameaças cibernéticas;
- **riscos operacionais** – por exemplo, interrupções nas operações normais, atrasos;
- **riscos financeiros** – por exemplo, estouro de custos; e
- **riscos relacionados às pessoas** – por exemplo, resistência à mudança, lacunas de habilidades.[*]

Também é importante considerar os riscos potenciais relacionados à alocação de recursos. Por exemplo: e se determinada tecnologia acabar custando mais do

---

[*] Para identificar áreas de risco além das tradicionais (como os riscos das mídias sociais para o valor da marca e a reputação institucional, a proteção da privacidade de dados quando se trata de segmentar clientes, entre outros), ver DELOITTE. **Managing risk in digital transformation.** Deloitte Touche Tohmatsu India LLP, 2018. Disponível em: https://www2.deloitte.com/content/dam/Deloitte/in/Documents/risk/in-ra-managing-risk--digital-transformation-1-noexp.pdf. Acesso em: 23 jun. 2023.

que o esperado? Ou se a implantação de um projeto levar mais tempo do que o planejado? O comitê precisa desenvolver planos de contingência para lidar com essas situações. Para cada risco de alta prioridade, deve-se criar um plano de mitigação com ações que podem ser adotadas para preveni-lo, bem como medidas para reduzir o impacto caso ocorra.

Para mitigar o risco de falhas tecnológicas, por exemplo, o Comitê de TD pode garantir o uso de tecnologias robustas e confiáveis e implantar sistemas de backup. Para lidar com o risco de resistência à mudança, o comitê pode incorporar estratégias de gestão de mudanças como parte da dimensão humana.

Um plano robusto de gestão de riscos envolve, portanto, identificar riscos potenciais, avaliar seu impacto e preparar estratégias adequadas para mitigação. Deve haver comunicação transparente sobre os riscos para todos os *stakeholders*, que precisam ser educados sobre os possíveis riscos, as estratégias de redução de impacto e cenários esperados.

Vale lembrar que a gestão de riscos é um processo contínuo e iterativo que precisa ser integrado em todos os aspectos da iniciativa de TD.[**]

1.8 MONITORAMENTO DO PROGRESSO

Monitorar o progresso é um aspecto fundamental da dimensão estratégica na TD. Essa atividade constante permite que a iniciativa esteja no caminho certo para alcançar seus objetivos e comporta os ajustes necessários em resposta a circunstâncias em constante evolução.

O Comitê de TD desempenha um papel vital nesse aspecto da transformação. Deve definir indicadores-chave de desempenho (KPIs) claros e mensuráveis que estejam alinhados aos objetivos estratégicos da TD. Eles podem incluir medidas quantitativas, como redução de custos, melhoria da eficiência ou aumento do engajamento dos estudantes, e indicadores qualitativos, como aprimoramento do letramento digital da equipe e dos estudantes.

Na literatura acadêmica e de negócios, há centenas de indicadores-chave de desempenho (KPIs) para escolas e instituições de ensino superior. Alguns exemplos, agrupados nas categorias principais, abrangem:[4]

Academia

- Taxa de conclusão de cursos
- Premiações concedidas a estudantes e/ou professores e funcionários

---

[**] Embora o foco não seja majoritariamente digital, o DET School Risk Process, preparado pelo Governo Estadual de Victoria, na Austrália, é um guia de bolso para identificação, análise, avaliação e tratamento de riscos nas escolas. Disponível em: https://www.education.vic.gov.au/PAL/risk-management-schools-pocket-guide.pdf. Acesso em: 23 jun. 2023.

- Bolsas de pesquisa
- Taxa de frequência dos estudantes

Currículo

- Porcentagem de estudantes em áreas de interesse
- Taxa de proficiência em cada disciplina

Corpo docente

- Porcentagem de docentes com certificações ou graus avançados
- Número de sessões de treinamento
- Taxa de frequência dos docentes e funcionários
- Taxa de retenção de docentes e funcionários

Tecnologia

- Porcentagem de aulas que utilizam tecnologias ou plataformas online fornecidas
- Porcentagem de administradores que utilizam tecnologias
- Engajamento em mídias sociais
- Chamadas ao departamento de tecnologia

Instalações

- Idade média dos edifícios
- Porcentagem de edifícios aprovados na inspeção
- Taxa de utilização das salas de aula

Finanças

- Porcentagem de estudantes com auxílio financeiro
- Recursos arrecadados por meio de doações, parcerias ou fundos patrimoniais
- Custos de mensalidade
- Proporção de estudantes por professor
- Custo por estudante
- Proporção de professores por administradores
- Número de estudantes matriculados por número de inscrições

Também é responsabilidade do Comitê de TD definir como e quando o progresso será avaliado – por meio de reuniões regulares para avaliar o progresso, relatórios periódicos ou painéis de controle que forneçam atualizações sobre os KPIs, ou avaliações específicas em etapas-chave da iniciativa de TD, entre outros.

Em cada ponto de revisão, o comitê precisa avaliar o status da TD em relação aos KPIs. Para isso, deve analisar dados, avaliar a eficácia das mudanças implementadas e identificar quaisquer problemas ou obstáculos que possam estar prejudicando seu avanço. Com base nessa revisão, talvez seja necessário ajustar a estratégia de TD, alterando os objetivos estratégicos, realocando recursos ou modificando os planos em cada dimensão envolvida.

O processo de monitoramento dos avanços em uma iniciativa de TD não é uma atividade isolada, mas um ciclo contínuo de estabelecer objetivos, medir resultados, analisar, aprender e melhorar continuamente.

Outra função fundamental do Comitê de TD é comunicar regularmente a todos os envolvidos o progresso da iniciativa, bem como quaisquer mudanças na estratégia. Isso ajuda a manter o engajamento e o apoio à TD.

1.9 UMA CULTURA PRONTA PARA A MUDANÇA

Para concluir nossa exploração da dimensão estratégica, é fundamental entender que a base de qualquer esforço de TD é a chamada **prontidão para mudança**. Considerada o oposto da resistência à mudança, reflete-se nas crenças, atitudes e intenções das pessoas com respeito às mudanças necessárias e à capacidade da organização para implementá-las com sucesso.

Perides *et al.*[5] argumentam que a maneira como a mudança é comunicada para a organização pode influenciar fortemente seu sucesso ou fracasso. Os profissionais precisam acreditar que a mudança é realmente necessária, que ela tem suporte e patrocínio da alta gestão e que eles conseguirão ter as habilidades necessárias para serem bem-sucedidos no processo. De forma prática, algumas estratégias ajudam a endereçar esses pontos: comunicação persuasiva (comunicação direta com os envolvidos), participação ativa (envolver as pessoas na aprendizagem de novas habilidades e competências) e gestão adequada da informação (divulgar dados não só de fontes internas, mas também externas à organização, como palestrantes ou artigos da imprensa, trazendo mais conteúdo e credibilidade ao tema).

Destacamos ainda que, em um processo de TD, os líderes são obrigados a romper com padrões que tornaram a organização bem-sucedida até o momento e engajar os funcionários para operarem em um ambiente desconhecido. Não basta a alta direção apoiar a iniciativa da mudança; esse patrocínio deve ser ativo e visível durante todo o processo. Também é necessário desenvolver empatia e estabelecer uma reação de confiança e suporte com os funcionários durante toda a TD, buscando focar de forma equilibrada a organização e as pessoas.

De fato, um princípio fundamental do gerenciamento efetivo de mudanças é que as pessoas apoiem o que elas ajudam a criar. A participação ativa de todos no processo de mudança é o elemento mais importante da mudança efetiva.

Por fim, o diagnóstico organizacional desempenha um papel crítico nas iniciativas de TD em termos de escolha de intervenções apropriadas e contribuição para a prontidão na mudança dentro de uma organização. Na ausência de um diagnóstico rigoroso, os líderes provavelmente resolverão os problemas errados e/ou escolherão as soluções equivocadas, desperdiçando recursos geralmente limitados e gerando descrédito entre os profissionais da organização.

CONSIDERAÇÕES FINAIS

Ao criar uma estratégia abrangente de TD, é essencial entender que não se trata apenas de digitalizar processos existentes, mas de aproveitar a tecnologia digital para redefinir práticas e sistemas, criando mais valor para estudantes, professores e demais partes interessadas.

Está claro que a essência da TD não se resume à adoção das tecnologias mais recentes ou de novos métodos de aprendizagem; trata-se de uma profunda alteração na identidade da organização.

Todos os objetivos estratégicos e planos discutidos até aqui ganham vida quando sustentados por uma cultura organizacional disposta a abraçar os desafios da era digital. Isso requer um ambiente mais ágil, inovador e colaborativo no qual o letramento digital seja a norma.

De fato, mais que um evento ou episódio cultural, a TD é uma jornada de metamorfose cultural e estratégica que exige resiliência, paciência e comprometimento de todos os envolvidos. Embora a clareza estratégica seja essencial, estimular uma mudança cultural e construir uma organização pronta para a mudança são requisitos essenciais.

A TD pode parecer assustadora, mas, com uma estratégia claramente articulada e o foco direcionado às pessoas, a organização pode aproveitar o potencial das tecnologias digitais. O caminho para a transformação requer uma visão compartilhada, decisões estratégicas e, fundamentalmente, uma cultura disposta a se adaptar, aprender e crescer.

À medida que avançamos no livro, vamos navegar pelas dimensões humana, organizacional, de ensino-aprendizagem e tecnológica. Cada uma delas aprofundará nossa compreensão da jornada de TD, adicionando complexidade e riqueza à estratégia aqui discutida.

Plano Estratégico de Transformação Digital: ferramentas e *frameworks*

Existem inúmeros *frameworks* e ferramentas que podem ser utilizados no desenvolvimento de um Plano Estratégico de Transformação Digital. Eles são de natureza diversa e, em muitos casos, complementam-se em diferentes etapas do processo. Alguns dos mais importantes são:

- **Modelo de maturidade digital** – vários modelos de maturidade foram desenvolvidos para avaliar a prontidão digital de uma organização. Eles geralmente avaliam diferentes áreas, incluindo tecnologia, estratégia, cultura e capacidades, e fornecem um roteiro de desenvolvimento.[***]

- **Canvas de transformação digital** – essa ferramenta, com base no modelo BMC (Business Model Canvas),[6] ajuda as organizações a visualizar e criar uma estratégia para sua jornada de TD. Compreende vários componentes, como necessidades dos clientes, tendências digitais, canais digitais, estratégia de dados, tecnologia habilitadora, organização digital, entre outros. É útil para identificar lacunas e inter-relações e para a construção de uma estratégia abrangente de TD.[7]
- *Roadmap* **para transformação digital** – o *roadmap* é uma representação visual, geralmente em forma de linha do tempo, que organiza os diferentes estágios, etapas ou fases de um projeto. Ajuda a organização a articular sua visão digital, alinhar suas iniciativas digitais com os objetivos de negócio e planejar sua jornada do estado digital atual para o estado desejado no futuro.[8]
- *Balanced scorecard* – esse sistema de planejamento e gestão estratégica pode ser usado para alinhar as iniciativas digitais com a estratégia geral da organização, medindo o desempenho de áreas como finanças, gestão de clientes, processos internos e aprendizagem e crescimento. Ao acompanhar os KPIs em cada uma dessas áreas, as instituições educacionais podem monitorar avanços, tomar decisões baseadas em dados e promover melhoria contínua em suas iniciativas de transformação digital.

Outros recursos que podem apoiar a análise estratégica:

- a velha e boa **análise SWOT**, para avaliar forças e fraquezas internas da organização, assim como oportunidades e ameaças externas;[9]
- as ferramentas de **planejamento de cenários**, para explorar possíveis situações futuras, ajudando a elaborar planos flexíveis de longo prazo;[****]
- uma **matriz ou mapa de riscos**, para mapear a frequência e a gravidade dos riscos, ajudando a definir quais devem ser gerenciados primeiro;
- ferramentas de **mapeamento de *stakeholders***, como Power/Interest Grid, que permitem identificar as principais partes envolvidas, entender seus interesses e montar uma estratégia para efetivamente engajá-las na TD;[10] e
- estratégias de *benchmarking*, para comparar processos e métricas de desempenho com as melhores práticas de outras organizações.[11]

[***] Entre os *frameworks* mais pertinentes para orientar o processo de transformação digital no ensino superior está o desenvolvido pela agência digital, de dados e tecnologia do Reino Unido: JISC. **Framework for digital transformation in higher education**, 2023. Disponível em: https://repository.jisc.ac.uk/9056/1/framework-for-digital-transformation-in-higher-education.pdf. Acesso em: 23 jun. 2023.

[****] Saiba mais sobre essa técnica desenvolvida nos anos 1960 por Mr. Wack and Ted Newland at Shell Corporation em KLEINER, A. **The man who saw the future.** Pcw Publications, February 12, 2003. Disponível em: https://www.strategy-business.com/article/8220. Acesso em: 24 jun. 2023. Ver também um estudo que mapeia quatro cenários para o ensino superior: 1) as gigantes digitais assumem um papel dominante, coordenando financiamentos e pesquisa por meio de plataformas online; 2) é dada prioridade à emergência ambiental, com investimentos em tecnologias digitais próprias e cooperação global; 3) pesquisa e o ensino superior são organizados em *hubs* regionais, com forte envolvimento da sociedade e uso de plataformas digitais locais; 4) há uma abordagem de "frugalidade digital", com limites impostos ao uso de dados digitais e foco na redução de impactos ambientais (BARZMANM, M. Exploring digital transformation in higher education and research. **Journal of Futures Studies**, v. 25, n. 3, p. 65-78, March 2021. Disponível em: https://jfsdigital.org/wp-content/uploads/2021/03/06-Barzman-Exploring-Digital-Transformation-in-Higher-Education-ED-05.pdf. Acesso em: 24 jun. 2023).

PARTE I As cinco dimensões da transformação digital na educação

Tudo isso pode ser consolidado em um **plano estratégico** que possibilite traçar o caminho para alcançar uma meta de negócio específica e para assegurar que todos os envolvidos entendam a direção estratégica e as etapas necessárias para alcançá-la.[12] Nesse sentido, a metodologia de **Objetivos e Resultados-Chave (OKR)** ajuda a estabelecer metas ambiciosas com resultados mensuráveis, guiando o Comitê de TD na definição de prioridades, alinhamento de esforços e acompanhamento do progresso.[13]

As ferramentas de **gestão de projetos ágeis** (como Jira, Trello e Asana), por sua vez, permitem o planejamento de iterações, o acompanhamento do progresso e a manutenção da flexibilidade.

Por fim, **modelos de gestão de mudanças** como o ADKAR ("Awareness, Desire, Knowledge, Ability, Reinforcement"; em português: "Consciência, Desejo, Conhecimento, Habilidade, Reforço")[14] ou o Modelo de Mudança de 8 Etapas de Kotter,[105] podem guiar a instituição pelos aspectos humanos da mudança, garantindo que os objetivos e estratégias firmados se traduzam nos comportamentos e mentalidades desejados.

Cada ferramenta serve a um propósito diferente e pode ser escolhida com base nas necessidades específicas de sua estratégia de transformação digital. Seu uso pode fornecer insights valiosos e orientar a tomada de decisões à medida que você embarca em sua jornada de transformação digital.

Essas ferramentas e técnicas são mais eficazes quando usadas em conjunto. Elas podem fornecer uma visão abrangente do estado atual de sua instituição, das mudanças necessárias e de como gerenciar essas mudanças de forma eficaz. A melhor parte é que podem ser revisadas e ajustadas à medida que você avança em sua jornada de transformação digital, mantendo sua estratégia flexível e adaptável.

Referências

[1] A esse respeito, ver CAPGEMINI CONSULTING. **"The Vision Thing"**: developing a transformative digital vision. The MIT Center for Digital Business, 2013. Disponível em: https://www.capgemini.com/consulting-fr/wp-content/uploads/sites/31/2017/08/the_vision_thing_-_developing_a_a_transformative_digital_vision.pdf. Acesso em: 23 jun. 2023.

[2] Ver DIS Official Website: https://www.disdubai.ae/our-school/our-vision-mission/and DigiLin Learning: Writing a Digital Vision for Your School: https://digilinlearning.com/2020/04/12/writing-digital-vision-for-your-school/. Acesso em: 23 jun. 2023.

[3] A esse respeito, veja FORBES. **14 important KPIs to help you track your digital transformation**. Forbes Technology Council, Jun 25, 2020. Disponível em: https://www.forbes.com/sites/forbestechcouncil/2020/06/25/14-important-kpis-to-help-you-track-your-digital-transformation/?sh=378cd-1fe9342. Acesso em: 23 jun. 2023.

[4] Para expandir a perspectiva sobre KPIs educacionais, ver JACKSON, T. **Key performance indicators for schools & education management**. Disponível em: https://www.clearpointstrategy.com/key-performance-indicators-in-education/. Acesso em: 23 jun. 2023.

[5] PERIDES, M. P. N.; VASCONCELLOS, E. P. G.; VASCONCELLOS, L. A gestão de mudanças em projetos de transformação digital: estudo de caso em uma organização financeira. **Revista de Gestão e Projetos** (GeP), v. 11, n. 1, p. 54-73, 2020. Disponível em: https://www.researchgate.net/

publication/341199092_A_gestao_de_mudancas_em_projetos_de_transformacao_digital_estudo_de_caso_em_uma_organizacao_financeira. Acesso em: 28 jun. 2023.

[6] OSTERWALDER, A.; PIGNEUR, Y. **Business Model Generation**: inovação em modelos de negócios. Rio de Janeiro: Alta Books, 2011.

[7] Ver um exemplo de Canvas para TD no ensino superior em: CRUZ, A. M. R.; CRUZ, E. F.; GOMES, R. EA in the digital transformation of higher education institutions. *In:* **15th Iberian Conference on Information Systems and Technologies (CISTI 2020)**. Spain, June 2020. Disponível em: https://www. researchgate.net/publication/342786945_EA_in_the_Digital_Transformation_of_Higher_Education_Institutions. Acesso em: 23 jun. 2023; ROF, A.; BIKFALVI, A.; MARQUÈS, P. Digital transformation for Business Model Innovation in higher education: overcoming the tensions. **Sustainability**, v. 12, n. 12, p. 4980, June 18, 2020. p. 10. Disponível em: https://www.researchgate.net/publication/342298032_Digital_Transformation_for_Business_Model_Innovation_in_Higher_Education_Overcoming_the_Tensions. Acesso em: 24 jun. 2023.

[8] O Digital Transformation Hub oferece um exemplo de *roadmap* de dez passos para a criação de uma estratégia de transformação digital. Inclui um *template* (em inglês) que pode ser adaptado à sua organização: https://digitaltransformation.org.au/sites/default/files/inline-files/Sample%20_%20 DIGITAL%20TRANSFORMATION%20STRATEGY%20ROADMAP.docx. Acesso em: 23 jun. 2023.

[9] Você pode ver um exemplo de análise SWOT para transformação digital no ensino superior, sob três diferentes perspectivas — estudantes, professores e instituição —, em rei, c. **SWOT analysis**: digital transformation in education. EHL Insights, s/d. Disponível em: https://hospitalityinsights.ehl.edu/swot-analysis-digital-transformation-in-education. Acesso em: 24 jun. 2023.

[10] Para um aprofundamento no tema, com foco no ensino superior, ver SERES L. *et al.* University stakeholder mappings. *In:* **ICERI2019 Proceedings.** 12th International Conference of Education, Research and Innovation November 11th-13th, 2019 — Seville, Spain. Disponível em: https://www.researchgate.net/publication/337548471_University_Stakeholder_Mapping. Acesso em: 24 jun. 2023.

[11] Relatórios anuais como o **EDUCAUSE Horizon Report** (https://library.educause.edu/resources/2023/5/2023-educause-horizon-report-teaching-and-learning-edition) e o **Innovating Pedagogy**, da UK Open University (http://www.open.ac.uk/blogs/innovating/), podem ser um ponto de partida para localizar boas práticas e iniciar um *benchmarking*.

[12] Veja, no Plano de Transformação digital da UFLA 2020-2022, um exemplo de planejamento estratégico e, mais especificamente, de mapa de riscos para a Universidade Federal de Lavras. Disponível em: https://cigov.ufla.br/images/estrategia_organizacional/plano-transformacao-digital.pdf. Acesso em: 24 jun. 2023.

[13] Um exemplo de OKRs em educação pode ser encontrado em WILSON, C. Reinventing education: lessons from a start-up. **Medium**, Nov 6, 2018. Disponível em: https://carolynwilson.medium.com/okrs-584476e54451. Acesso em: 24 jun. 2023.

[14] Ver mais em MILLER, C. E. Leading digital transformation in higher education: a toolkit for technology leaders. *In:* **Research anthology on digital transformation, organizational change, and the impact of remote work**. IGI Global, 2021, January 2021. Disponível em: https://www.researchgate.net/publication/348230224_Leading_Digital_Transformation_in_Higher_Education_A_Toolkit_for_Technology_Leaders. Acesso em: 23 jun. 2023.

[15] Para saber mais sobre o modelo, ver KOTTER, J. P. Leading change: why transformation efforts fail. **Harvard Business Review**, March-April, 1995. Disponível em: http://www.mcrhrdi.gov.in/91fc/coursematerial/management/20%20Leading%20Change%20-%20Why%20Transformation%20 Efforts%20Fail%20by%20JP%20Kotter.pdf. Acesso em: 24 jun. 2023.

CAPÍTULO 2
A DIMENSÃO HUMANA
A FORÇA MOTRIZ POR TRÁS DA MUDANÇA E DA INOVAÇÃO

Imagem criada com Microsoft Bing Image Creator em 09-10-2023.

É consenso que a transformação digital não se refere apenas à tecnologia; diz respeito a gente – a força motriz por trás da mudança e da inovação. Não importa se estamos falando de estudantes, educadores ou da comunidade em geral, a TD consiste em desbloquear o potencial de cada um e de todos os *stakeholders* e em prepará-los para enfrentar um mundo em constante mudança.

O envolvimento das pessoas é crucial para estabelecer uma visão compartilhada e impulsionar a organização para o futuro. Elas têm o conhecimento, as habilidades e a mentalidade inovadora necessários para aproveitar as tecnologias de forma eficaz e ultrapassar limites. São elas que desafiam o *status quo*, que identificam as oportunidades e que lideram a jornada de transformação.

Ademais, são as pessoas que superam as barreiras e resistências durante o processo de transformação. Elas lideram pelo exemplo, inspiram os demais e criam um ambiente colaborativo que abraça a mudança. E não se deve esquecer que as pessoas são as maiores beneficiárias da TD, que abre novos horizontes, aprimora as experiências de aprendizagem e as capacita para prosperar na era digital.

Portanto, para empreender uma iniciativa de TD, as organizações devem priorizar o pessoal, investindo em seu desenvolvimento, promovendo uma cultura de inovação e fornecendo o suporte e os recursos necessários. Somente quando as pessoas estiverem totalmente engajadas, capacitadas e alinhadas é que a TD poderá realmente mudar a educação e impulsionar a organização a novos patamares de conquista.

O QUE ESPERAR DESTE CAPÍTULO

Este capítulo funciona como um manual para os líderes. Oferece perspectivas valiosas e conselhos práticos sobre como construir uma estratégia de TD na educação com forte ênfase na dimensão humana. Abrange aspectos cruciais, como promover uma cultura de inovação e fluência digital, fomentar a colaboração e a troca de conhecimentos, reconhecer e incentivar iniciativas criativas e cultivar uma mentalidade de crescimento.

Além disso, o capítulo aborda a importância de assegurar a inclusão digital e a equidade ao longo da iniciativa de TD, apresentando métodos para minimizar a

PARTE I As cinco dimensões da transformação digital na educação

divisão digital, garantir acessibilidade, promover responsividade cultural, apoiar alunos sub-representados e priorizar a avaliação e o aprimoramento contínuos.

Por meio da exploração dessas áreas fundamentais, os líderes podem adquirir o conhecimento e as ferramentas essenciais para levar a efeito a TD na educação, promovendo a inclusão e enriquecendo as experiências de aprendizagem digital.

2.1 A IMPORTÂNCIA DAS PESSOAS NO CONTEXTO DA TRANSFORMAÇÃO DIGITAL

A dimensão humana abrange não apenas os aspectos culturais de uma organização, mas também questões relacionadas às pessoas, como mentalidade, atitudes, comportamentos, comunicação, colaboração e liderança.

No contexto da TD na educação, a dimensão humana se relaciona fortemente com a criação de um ambiente de apoio que incentiva a mudança, a inovação e a melhoria contínua. Também abarca a busca da equidade e da inclusão digital para que todos os aprendizes possam se beneficiar igualmente das inovações, independentemente de sua origem, habilidades ou acesso a recursos.

No que diz respeito às pessoas, o Comitê de TD desempenha um papel fundamental ao assegurar que os aspectos humanos sejam tratados de forma apropriada. Algumas de suas responsabilidades incluem:

- Dar o tom para a mudança, promovendo um ambiente de aprendizagem, adaptação e prontidão digital.
- Liderar pelo exemplo, demonstrando disposição para adotar novas formas de trabalho e incentivando os outros a fazerem o mesmo.
- Apoiar o desenvolvimento de habilidades em toda a organização.
- Promover o engajamento das partes interessadas.
- Assegurar o bem-estar de todos os envolvidos e fornecer apoio àqueles que possam ter dificuldades durante o processo de mudança.
- Ajudar a definir novas métricas de desempenho e incentivos que estejam alinhados com a iniciativa de TD.

Por último, mas não menos importante, para que uma iniciativa de TD seja bem-sucedida, é essencial considerar a dimensão humana não isoladamente, mas com as outras dimensões envolvidas: estratégica, organizacional, de ensino-aprendizagem e tecnológica.

2.2 FOMENTO A UMA CULTURA DE INOVAÇÃO E PRONTIDÃO DIGITAL

Fomentar uma cultura de inovação e prontidão digital[1] é crucial para enfrentar os desafios e aproveitar as oportunidades apresentadas pela TD no contexto educacional. Ao promover um ambiente que abraça a mudança, a aprendizagem contínua e a adaptabilidade, docentes, funcionários e estudantes podem florescer no cenário digital em constante evolução. Aqueles em posições de liderança, alinhados com o Comitê de TD, são essenciais nesse processo.

A seguir são apresentadas algumas estratégias-chave, considerações detalhadas e exemplos para ajudar os líderes a criarem um ambiente que promova inovação e prontidão digital.

2.2.1 Comprometimento da liderança

A liderança desempenha um papel-chave para impulsionar uma cultura de inovação e prontidão digital. Líderes fortes e visionários dedicados à TD podem ter um impacto significativo, estabelecendo metas estratégicas claras, alocando os recursos necessários e liderando pelo exemplo ao participarem de iniciativas de aprendizagem digital.

Os líderes podem começar adotando um estilo de liderança participativa, que incentiva a colaboração, a tomada de decisões compartilhada e a comunicação aberta. Aqueles que buscam ativamente feedbacks e contribuições dos educadores, funcionários e alunos – por meio de pesquisas, de grupos de discussão ou da criação de canais para diálogo e discussão contínuos – obtêm percepções valiosas sobre as necessidades, desafios e oportunidades enfrentados pela organização. Isso também significa criar equipes multidisciplinares alinhadas com o Comitê de TD, buscando contribuições sobre iniciativas digitais e atualizando regularmente a comunidade sobre o progresso e as etapas alcançadas. Ao cultivar um senso de propriedade (*ownership*) e comprometimento entre os interessados, os líderes podem estabelecer as bases para a atuação coletiva.

Fomentar uma cultura de experimentação é outro aspecto fundamental. Os líderes devem celebrar os sucessos e aprender com os fracassos, incentivando a melhoria contínua e fornecendo recursos e apoio para novas ideias e iniciativas.

É importante observar ainda que, paralelamente a orientar a direção estratégica e promover uma cultura de inovação, os líderes também devem fundamentar os esforços de TD em princípios de equidade e inclusão. Aqui entram em cena medidas deliberadas para enfrentar a exclusão digital, promover a acessibilidade e criar oportunidades para que todos se beneficiem das vantagens oferecidas pela TD.

Em última instância, o êxito da TD na educação depende da liderança, da visão e do compromisso dos líderes. Ao reconhecer seu papel como agentes de mudança, eles podem ajudar a moldar o futuro da educação e preparar suas organizações para um mundo cada vez mais digital.

2.2.2 Desenvolvimento profissional contínuo

Para apoiar o desenvolvimento profissional contínuo, é importante projetar e implementar oportunidades de aprendizagem para educadores e funcionários com foco em habilidades digitais, inovações pedagógicas e integração de tecnologias emergentes. Por exemplo, o Comitê de TD de uma universidade pode fornecer incentivos para que o corpo docente participe de conferências, workshops e webinários sobre tecnologias educacionais emergentes e metodologias de ensino-aprendizagem inovadoras.

Avaliar os níveis de habilidade atuais e as lacunas de conhecimento entre educadores e funcionários é o primeiro passo essencial para criar um plano eficaz de desenvolvimento profissional. Esse processo pode ser dividido em três etapas principais:

1. **Identificação de habilidades e competências** – o Comitê de TD deve começar delineando as habilidades e competências necessárias para que a organização navegue com sucesso pela TD. Podem ser habilidades técnicas, como programação, análise de dados ou criação de conteúdo digital, e habilidades interpessoais, como comunicação, colaboração e pensamento crítico. É crucial envolver educadores e funcionários nesse processo para assegurar que as habilidades e competências identificadas sejam relevantes e estejam alinhadas com os objetivos da organização.

Cada organização pode definir seu próprio conjunto de habilidades e competências, levando em consideração os vários *frameworks* internacionais relacionados.[2]

Alguns são mais especificamente voltados para educadores, como é o caso do **Unicef Educators' Digital Competence Framework**[3] e do **DigCompEdu**, da União Europeia.[4]

Outros têm um foco mais amplo, como o **Jisc Digital Capabilities Framework**, do Reino Unido, que pode ser aplicado a toda a organização,[5] e o **DigCompOrg – The European Framework for Digitally Competent Educational Organisations**, que traz uma perspectiva de 360 graus pela lente de professores, estudantes e gestores.[6]

---

2. **Avaliação dos níveis atuais** – identificadas as habilidades e competências necessárias, é possível avaliar os níveis atuais de educadores e funcionários. Isso pode ser feito por meio de diversos métodos, como autoavaliações, avaliações de coordenadores ou análise de desempenho. Ferramentas online, como questionários com base em competências ou inventários de habilidades, podem ser especialmente úteis nesse processo, pois fornecem uma maneira padronizada e eficiente de coletar dados.

3. **Análise dos dados** – após coletar dados sobre os níveis atuais de habilidade e as lacunas de conhecimento de docentes e funcionários, o Comitê de TD deve analisar essas informações para identificar tendências, padrões e áreas

que precisam ser aprimoradas. Ferramentas de visualização de dados, como gráficos e tabelas, podem ajudar na compreensão e destacar insights importantes. Essa análise orienta o desenvolvimento de um plano abrangente de desenvolvimento profissional adaptado para abordar as necessidades e prioridades específicas da organização.

Criar um **plano abrangente de desenvolvimento profissional** significa estabelecer metas claras, projetar experiências de aprendizagem direcionadas e alocar recursos para apoiar o crescimento dos educadores e funcionários. Pode-se considerar uma variedade de formatos de treinamento, como workshops, cursos online ou sessões de *coaching*, para acomodar diferentes estilos e preferências de aprendizagem. Além disso, incorporar oportunidades de aprendizagem e colaboração entre pares, como programas de mentoria ou comunidades, cria uma cultura de melhoria contínua e compartilhamento de conhecimento.[7]

Acompanhar o progresso ao longo do tempo também é essencial para garantir a eficácia do plano de desenvolvimento profissional e identificar áreas que precisam ser aprimoradas. Deve-se estabelecer um sistema para monitorar o progresso de docentes e funcionários, como reuniões regulares de acompanhamento, relatórios de progresso ou avaliações de acompanhamento. Ferramentas digitais, como sistemas de gestão de aprendizagem (LMSs) ou plataformas de gerenciamento de desempenho,[8] podem agilizar esse processo e fornecer insights em tempo real sobre o crescimento individual e organizacional.

2.2.3 Incentivo à colaboração e ao compartilhamento de conhecimentos

Promover um ambiente que estimula a colaboração e o compartilhamento de conhecimentos implica criar um espaço de apoio no qual educadores, funcionários e estudantes possam trocar ideias, experiências e melhores práticas. Isso pode ser alcançado por meio da implementação de ferramentas e plataformas que facilitem a colaboração, como fóruns online, redes sociais e sistemas de gerenciamento de projetos.

Para fomentar a troca de domínios e o trabalho em equipe, é importante identificar e abordar possíveis barreiras que dificultam a colaboração. Ao reconhecer esses obstáculos, o Comitê de TD pode aplicar estratégias direcionadas a sua superação, de modo que a organização aproveite plenamente a experiência e as ideias de seus colaboradores.

Aqui estão alguns passos a serem considerados nessa direção:

- **Avaliar o estado atual da colaboração dentro da organização** – pode-se coletar feedback de professores e funcionários por meio de pesquisas, grupos focais ou entrevistas. Além disso, analisar os canais de comunicação existentes e as ferramentas de colaboração ajuda a identificar padrões e áreas que podem ser aprimorados. A utilização de estruturas como a Ferramenta de Avaliação da Colaboração (Collaboration Assessment Tool – CAT) ou a Análise da Rede Organizacional (Organizational Network Analysis – ONA) pode proporcionar uma compreensão mais profunda da dinâmica colaborativa existente.[*]

- **Identificar barreiras que dificultam o compartilhamento efetivo de conhecimentos** – barreiras comuns incluem falta de confiança entre membros da equipe, canais de comunicação ineficazes ou oportunidades de colaboração insuficientes. É crucial envolver educadores e funcionários nesse processo, pois eles podem fornecer informações valiosas sobre desafios específicos que enfrentam em seu trabalho diário.

- **Desenvolver estratégias direcionadas –** como discutido na dimensão estratégica, com uma compreensão clara das barreiras para a colaboração efetiva, o Comitê de TD pode desenvolver estratégias para o enfrentamento desses desafios, que incluem:

  o *Cultivar uma cultura de confiança e segurança psicológica* – isso significa criar um ambiente no qual as pessoas se sintam à vontade para expressar abertamente suas ideias, preocupações e feedbacks. Atividades regulares de formação de equipe ajudam a estabelecer relacionamentos sólidos e melhorar a comunicação entre os membros. Além disso, a realização de workshops sobre comunicação eficaz pode dar aos funcionários as habilidades necessárias para se engajarem em diálogos abertos e construtivos. Estabelecer uma cultura de feedback que apoie e encoraje as pessoas a compartilhar seus pensamentos e perspectivas é também uma forma de criar confiança dentro da organização.

  o *Implementar os canais e ferramentas de comunicação existentes* – plataformas como Slack, Microsoft Teams ou Google Workspace oferecem recursos para facilitar a comunicação em tempo real, o compartilhamento de arquivos e a colaboração. Ao utilizar essas ferramentas, a organização pode viabilizar uma comunicação fluida e permite que os membros da equipe se conectem facilmente, compartilhem ideias e trabalhem juntos em prol de objetivos comuns.

---

[*] Embora voltado para organizações sem fins lucrativos, o **Collaboration Assessment Tool**, disponibilizado pela Stanford Law School (2018), dá uma ideia de como esse instrumento pode ajudar a avaliar a colaboração dentro e fora da organização: Disponível em: https://nonprofitdocuments.law.stanford.edu/wp-content/uploads/Collaboration-assessment-tool-SLS-sample-06-22-18.pdf. Acesso em: 4 jul 2023. Para saber mais sobre a Organizational Network Analysis (ONA), ver SCHOUTEN, A. Organizational network analysis: a beginner's guide. **AIBridge**, October 10, 2019. Disponível em: https://aibridge.ch/organizational-network-analysis-a-beginners-guide/. Acesso em 3 jul. 2023.

○ *Criar oportunidades formais e informais de colaboração* – reuniões regulares fornecem uma plataforma estruturada para troca de ideias, discussão de desafios e geração de soluções. Projetos interdepartamentais permitem que indivíduos de diferentes áreas da organização colaborem e aproveitem sua experiência diversificada. Programas de mentoria também podem facilitar a transferência de conhecimento e o desenvolvimento de habilidades entre os membros da equipe. Ao encorajar educadores e funcionários a participarem ativamente dessas iniciativas e fornecer os recursos e o suporte necessários, o Comitê de TD cria um ambiente no qual a colaboração se torna parte integrante do trabalho diário.

2.2.4 Reconhecimento e recompensa à inovação

Um ambiente que reconhece e recompensa a inovação é uma ajuda e tanto para fomentar a cultura de criatividade e melhoria contínua dentro da organização. Ao identificar e celebrar ideias, projetos e iniciativas inovadoras, o Comitê de TD demonstra o compromisso institucional em valorizar a mudança e incentivar a prontidão digital.

Um sistema bem projetado motiva o pessoal a participar ativamente da jornada de TD e a contribuir com suas habilidades e conhecimentos únicos. Para estabelecer um programa de reconhecimento eficaz, é importante uma estrutura de apoio que motive e envolva o corpo docente, a equipe de colaboradores e os estudantes.

Tudo começa com a compreensão das preferências e motivações das pessoas envolvidas. Realizar pesquisas, entrevistas ou grupos de discussão pode trazer à tona informações valiosas sobre os tipos de premiação e reconhecimento mais significativos para o grupo. Ao considerar a perspectiva da equipe, o Comitê de TD pode alinhar o programa de reconhecimento com suas necessidades e aspirações.

É importante definir critérios para reconhecer e celebrar esforços inovadores. Eles devem ser objetivos, transparentes e comunicados de forma clara às partes interessadas. Exemplos de critérios são a adoção de novas tecnologias, a implementação de estratégias eficazes de ensino digital ou a colaboração bem-sucedida em projetos inovadores.

A seleção de premiação adequada também é fundamental para o sucesso do programa de reconhecimento. As recompensas podem ser:

- **intrínsecas** – promovem um senso de realização e satisfação pessoal, concentrando-se em benefícios intangíveis, como reconhecimento público, oportunidades de crescimento profissional ou mais autonomia;
- **extrínsecas** – envolvem incentivos tangíveis, como bônus monetários, promoções ou presentes materiais.

Deve-se dar atenção ao equilíbrio entre recompensas intrínsecas e extrínsecas levando em consideração o orçamento e os recursos da organização.

A implementação de ferramentas pode agilizar o processo de identificação e celebração de esforços inovadores. Plataformas digitais como Bonusly, Kudos ou Achievers fornecem mecanismos para auxiliar o reconhecimento dentro da organização e criam um senso de comunidade e apreciação.

Além das ferramentas digitais, diferentes canais de comunicação podem ampliar o impacto dos esforços de reconhecimento, como o uso de mídias sociais, boletins informativos e plataformas de comunicação interna para compartilhar histórias de sucesso, destacar as realizações de indivíduos ou equipes e inspirar outras pessoas a buscar a inovação.

Por fim, a avaliação regular e o aperfeiçoamento do programa de reconhecimento são essenciais para garantir sua eficácia contínua. O feedback de corpo docente, funcionários e estudantes deve ser buscado e ativamente considerado. Acompanhar os níveis de engajamento, as taxas de participação e a satisfação geral com a iniciativa de TD fornece informações valiosas para realizar melhorias e ajustes.

2.2.5 Mentalidade de crescimento

Segundo Carol Dweck,[9] **mentalidade de crescimento** é a crença de que as habilidades e a inteligência podem ser desenvolvidas por meio de dedicação, trabalho árduo e perseverança. Essa forma de pensar pressupõe encarar os desafios de frente, enxergar fracassos como oportunidades de aprendizagem e constantemente buscar melhorias. Em contraste, uma mentalidade fixa acredita que as habilidades são inatas e não podem ser alteradas.

A seguir estão alguns passos que o Comitê de TD pode considerar a fim de criar um ambiente que apoie a aprendizagem contínua e a adaptabilidade:

- **Realizar uma avaliação cultural abrangente para compreender a mentalidade atual e as atitudes dentro da organização** – isso pode ser feito com diversos métodos, como pesquisas, entrevistas, grupos de discussão ou observação. Essas abordagens reúnem informações valiosas sobre crenças, valores e comportamentos que influenciam as ações e tomadas de decisão dentro da organização. Ferramentas como o OCAI – Organizational Culture Assessment Instrument [Instrumento de Avaliação da Cultura Organizacional] ajudam a obter uma compreensão mais profunda da mentalidade e das atitudes predominantes, estabelecendo as bases para promover uma cultura de crescimento e melhoria contínua.[10]
- **Desenvolver uma visão clara para a cultura desejada, com foco nos elementos-chave de aprendizagem, adaptabilidade e resiliência** – os

stakeholders, que incluem educadores, funcionários e estudantes, devem ser envolvidos no processo a fim de garantir sua compreensão e comprometimento. A visão e as expectativas devem ser comunicadas de forma clara a todos os membros da organização, promovendo um entendimento compartilhado da cultura desejada.

- **Implementar iniciativas de mentalidade de crescimento** – para incentivar uma mentalidade de crescimento, o Comitê de TD deve fornecer recursos e oportunidades a corpo docente, funcionários e estudantes para o desenvolvimento de novas habilidades e competências. Isso pode incluir a oferta de workshops, seminários ou cursos online e o acesso a materiais relevantes, como artigos, livros ou vídeos. Pode-se considerar, ainda, a utilização de ferramentas como LinkedIn Learning, Coursera ou Udemy para a aprendizagem contínua dos indivíduos.

- **Promover adaptabilidade e resiliência** – o Comitê de TD precisa criar um ambiente de apoio que incentive experimentação, tomada de riscos e aprendizagem com os erros. Políticas e práticas devem ser implementadas para permitir flexibilidade e adaptação por meio de metodologias ágeis de gerenciamento de projetos ou processos de design iterativos.

- **Reconhecer e recompensar comportamentos de aprendizagem** – indivíduos e equipes que demonstram aprendizado, adaptabilidade e resiliência devem ser identificados e celebrados. O reconhecimento desses comportamentos pode ser incorporado às avaliações de desempenho e aos sistemas de premiação, destacando sua importância e encorajando sua adoção entre os colaboradores.

- **Acompanhar o progresso e fazer ajustes** – feedback e dados devem ser coletados para identificar áreas de melhoria e aprimorar as estratégias conforme necessário. O diálogo contínuo com educadores, funcionários e estudantes precisa ser mantido a fim de assegurar que a transformação cultural desejada esteja sendo alcançada e para abordar de maneira positiva quaisquer provas ou contratempos que possam surgir ao longo do caminho.

Promover uma cultura de inovação e prontidão digital é crucial para enfrentar os desafios e aproveitar as oportunidades da transformação digital na educação. O comprometimento forte da liderança, desenvolvimento profissional contínuo, colaboração e compartilhamento de conhecimento, reconhecimento da inovação e promoção de uma mentalidade de crescimento são estratégias-chave para criar um ambiente que estimula a inovação e a prontidão digital. Os líderes, em especial o Comitê de TD, desempenham um papel vital ao estabelecer metas estratégicas, envolver as partes interessadas e incentivar a colaboração.

2.3 EQUIDADE E INCLUSÃO DIGITAL NO CONTEXTO DE UMA INICIATIVA DE TRANSFORMAÇÃO DIGITAL

Uma iniciativa de TD apresenta uma série de oportunidades para melhoria das experiências de aprendizagem, ampliação da acessibilidade e promoção da educação durante a vida. No entanto, também traz à tona desafios relacionados a equidade e inclusão digital.

Equidade digital é uma condição em que todos os indivíduos e comunidades têm a capacidade de acessar as tecnologias necessárias para participação plena na sociedade, democracia e economia. Por sua vez, **inclusão digital** se refere às atividades necessárias para garantir que todos os indivíduos e comunidades, considerando os mais desfavorecidos, tenham acesso às tecnologias e capacidade de utilizá-las pessoal e profissionalmente.[11]

A inclusão digital precisa acompanhar o avanço da tecnologia. Requer estratégias e investimentos com o intuito de reduzir e eliminar barreiras históricas, institucionais e estruturais ao acesso e uso das tecnologias – responsabilidade crucial dos líderes e, em particular, do Comitê de TD.

2.3.1 Divisão digital

Uma responsabilidade fundamental do Comitê de TD está em compreender e abordar a **divisão digital,** que é a disparidade no acesso a recursos digitais devido a status socioeconômico, localização, idade ou necessidade especial.[12]

O comitê deve realizar uma análise aprofundada da população de estudantes (e demais envolvidos) para identificar quaisquer desigualdades, seguida pelo desenvolvimento de estratégias direcionadas a superá-las, como assistência financeira para aquisição de tecnologias ou parcerias com organizações comunitárias para facilitar o acesso a elas.

2.3.2 Acessibilidade

A fim de proporcionar experiências de aprendizagem inclusivas, o Comitê de TD deve priorizar a acessibilidade em todo conteúdo, ferramentas e plataformas digitais. Isso envolve a adoção de princípios de **Design Universal para Aprendizagem (DUA)** na criação de materiais didáticos flexíveis e a colaboração de especialistas em acessibilidade com vistas a certificar-se de que todos os recursos digitais atendam aos padrões de acesso universal.[13]

A Universidade de Ghelp, no Canadá, trabalha com acessibilidade a partir da perspectiva do Design Instrucional Universal (Universal Instrucional Design – UID).

Para isso, reconhece sete princípios que, quando seguidos, podem ajudar a equipe de professores e especialistas a projetar atividades, ambientes e materiais de ensino-aprendizagem acessíveis e criar experiências de aprendizagem que respeitem e valorizem a diversidade. São eles:

1. Ser acessível e justo.
2. Ser claro e consistente.
3. Proporcionar flexibilidade no uso, participação e apresentação.
4. Ser explicitamente apresentado e prontamente percebido.
5. Proporcionar um ambiente de aprendizagem de apoio.
6. Minimizar esforços físicos desnecessários ou requisitos.
7. Garantir um espaço de aprendizagem que acomode tanto os estudantes quanto os métodos de ensino-aprendizagem.[**]

2.3.3 Responsividade cultural

A **responsividade cultural** permite que os indivíduos e as organizações respondam de forma respeitosa e eficaz às pessoas de todas as culturas, línguas, classes sociais, raças, origens étnicas, necessidades especiais, religiões, gêneros, orientações sexuais e outros fatores de diversidade, reconhecendo, afirmando e valorizando seu valor.

Ser culturalmente responsivo requer a habilidade de compreender as diferenças culturais, reconhecer possíveis preconceitos e olhar além das diferenças a fim de trabalhar de forma produtiva com estudantes, famílias, profissionais e comunidades cujos contextos culturais são diferentes dos próprios.[14]

É papel do Comitê de TD proporcionar respostas que respeitem e atendam às necessidades culturais, linguísticas e sociais únicas das pessoas, particularmente dos estudantes. Incentivar o desenvolvimento de materiais digitais de aprendizagem culturalmente responsivos pode ajudar a criar um ambiente de aprendizagem e de trabalho inclusivo que valorize a diversidade.

Incluem-se aqui também oportunidades de apoio a alunos sub-representados, como estudantes de primeira geração (cujos pais não concluíram o ensino superior), adultos e idosos e aqueles de baixa renda. O comitê deve explorar iniciativas direcionadas a isso, como programas de mentoria e treinamento em

---

[**] No site do projeto, em https://opened.uoguelph.ca/student-resources/Universal-Instructional-Design (acesso em: 2 jul. 2023), os leitores podem encontrar uma variedade de recursos, incluindo um guia de implementação e cadernos de trabalho para cursos presenciais e ensino a distância.

habilidades digitais, visando a que esses alunos também se beneficiem da TD na organização.

Para determinar o sucesso das iniciativas de equidade digital e inclusão, é importante avaliar continuamente sua eficácia. Para isso, o Comitê de TD deve estabelecer um sistema robusto de coleta e análise de dados sobre os resultados e a satisfação dos alunos com foco especial nas populações tradicionalmente desatendidas. Ferramentas como a Avaliação de Impacto da Equidade Digital (Digital Equity Impact Assessment – DEIA) ajudam a acompanhar o impacto desses esforços.[***]

Entendendo e endereçando os desafios relacionados a equidade digital e inclusão, o Comitê de TD pode certificar-se de que todas as partes envolvidas se beneficiem das oportunidades proporcionadas pela TD. Dessa forma, pode orientar sua organização na criação de experiências de aprendizagem inclusivas, equitativas e envolventes para todos.

CONSIDERAÇÕES FINAIS

Cultivar a dimensão humana da TD na educação requer uma combinação de liderança dedicada, programas de incentivo ao crescimento profissional e encorajamento da mentalidade de crescimento. Os líderes, particularmente o Comitê de TD, são a bússola que guia esse empreendimento estratégico. Eles são fundamentais na orquestração dos objetivos organizacionais, no envolvimento dos *stakeholders* e na incitação ao espírito de colaboração.

A essência da TD é garantir que nenhum aluno fique para trás, um princípio que gira em torno da equidade e inclusão digital. A missão do Comitê de TD inclui fomentar a acessibilidade, advogar pelos aprendizes sub-representados e estimular uma cultura de aperfeiçoamento e evolução. A visão é clara: liderar a organização na entrega de experiências de aprendizagem inclusivas, equitativas e dinâmicas que atendam a todos.

Valorizar uma cultura de inovação e prontidão digital é uma coisa; canalizar essa cultura para uma abordagem estruturada em toda a organização é outra. No próximo capítulo, vamos nos aprofundar na dimensão organizacional da TD, verificando como é possível desenvolver uma estrutura organizacional robusta que sustente e promova os valores de inovação, prontidão digital e melhoria contínua.

[***] Uma análise de vários recursos que ajudam as organizações de saúde, educação e sem fins lucrativos a identificar, definir e alcançar metas relacionadas à diversidade, equidade, inclusão e justiça racial pode ser encontrada em: TELLEZ, T. **Diversity, Equity, and Inclusion (DEI) organizational assessment tools:** a resource guide. Equity Strategies, LLC, and Institute for Economic and Racial Equity, Brandeis University, June 2021. Disponível em: https://heller.brandeis.edu/iere/pdfs/dei-organizational-assessment-tools.pdf. Acesso em: 30 jun. 2023.

Referências

[1] Em poucas palavras, **prontidão digital** é a capacidade de utilizar ferramentas digitais com facilidade. Em um contexto organizacional, mede quão preparada uma organização está para enfrentar um mundo digital de avanços e mudanças constantes. Para aprofundamento, ver a seção "Assessing Your Institution's Readiness" [Avaliando a prontidão de sua instituição] no **Educause DX Journey**. Disponível em: https://dx.educause.edu/steps/your-institutions-readiness. Acesso em: 30 jun. 2023. E, para uma visão expandida da prontidão digital nos níveis social e governamental, ver **UNDP Transformations**: helping societies transform with inclusive tech. Disponível em: https://www.undp.org/digital/transformations. United Nations Development Programme, 2023. Acesso em: 30 jun. 2023.

[2] Para um aprofundamento nessa temática, ver MATTAR, J.; SANTOS, C.C.; CUQUE, L. M. Analysis and comparison of international digital competence frameworks for education. **Educ. Sci.,** v. 12, 93, 2022. Disponível em: https://www.mdpi.com/2227-7102/12/12/932#B20-education-12-00932. Acesso em: 30 jun. 2023.

[3] UNICEF Regional Office for Europe and Central Asia August 2022. Disponível em: https://www.unicef.org/eca/media/24526/file/Educators'%20Digital%20Competence%20Framework.pdf. Acesso em: 30 jun. 2023.

[4] PUNIE, Y.; REDECKER, C. (ed.) **European framework for the digital competence of educators**: DigCompEdu, EUR 28775 EN, Publications Office of the European Union, Luxembourg, 2017. Disponível em: https://joint-research-centre.ec.europa.eu/digcompedu_en. Acesso em: 30 jun. 2023.

[5] **JISC Digital Capabilities Framework: the six elements defined**, 2019. Disponível em: https://repository.jisc.ac.uk/7278/1/BDCP-DC-Framework-Individual-6E-110319.pdf. Acesso em: 30 jun. 2023.

[6] KAMPYLIS, P; PUNIE, Y.; DEVINE, J. **Promoting effective digital-age learning**: a European framework for digitally-competent educational organisations, Publications Office of the European Union, Luxembourg, 2015. Disponível em: https://publications.jrc.ec.europa.eu/repository/handle/JRC98209. Acesso em: 30 jun. 2023.

[7] Você pode ver um exemplo de plano de desenvolvimento profissional em **Professional Development Framework for Digital Learning.** Department of Basic Education, Pretoria, South Africa, 2019, p. 20 ss. Disponível em: https://www.schoolnet.org.za/wp-content/uploads/PROFESSIONAL-DEVELOPMENT-FRAMEWORK-FOR-DIGITAL-LEARNING-REVISED-2019.pdf. Acesso em: 27 jun. 2023.

[8] Para uma discussão sobre os prós e contras na utilização de sistemas de gestão de desempenho de professores, ver WIENER, R.; JACOBS, A. **Designing and implementing teacher performance management systems**: pitfalls and possibilities. The Aspen Institute Education & Society Program, March 2011. Disponível em: https://files.eric.ed.gov/fulltext/ED521073.pdf. Acesso em: 30 jun. 2023.

[9] DWECK, C. S. **Mindset:** a nova psicologia do sucesso. Rio de Janeiro: Objetiva, 2017.

[10] A esse respeito, ver **The Organizational Culture Assessment Instrument (OCAI)**, desenvolvido por Kim Cameron e Robert Quinn na Universidade de Michigan (com formulário gratuito para avaliação individual e pago para avaliação institucional). Disponível em: https://www.ocai-online.com/products. Acesso em: 30 jun. 2023.

[11] Definições extraídas de NDIA COMMUNITY. **The Words Behind Our Work**: the source for definitions of digital inclusion terms. Disponível em: https://www.digitalinclusion.org/definitions/. Acesso em: 2 jul. 2023.

[12] Para uma ampliação do conceito, ver OECD. **Understanding the Digital Divide**, OECD Digital Economy Papers, n. 49. OECD Publishing, Paris, 2001. Disponível em: https://www.oecd-ilibrary.org/science-and-technology/understanding-the-digital-divide_236405667766. Acesso em: 30 jun. 2023.

[13] As diretrizes internacionais para o Design Universal da Aprendizagem podem ser encontradas em CAST. **Universal Design for Learning Guidelines version 2.2** (2018). Disponível em: https://udlguidelines.cast.org/. Acesso em: 14 jul. 2023. Ver também em https://www.w3.org/WAI/planning-and-managing/ um guia para integrar a acessibilidade em projetos individuais e organizacionais. Acesso em: 14 jul. 2023.

[14] Para uma perspectiva de responsividade cultural mais focada no ensino, ver VANCE, S.; JOHNSTON, A. Culturally responsive teaching. In: MASON, S. L. **Student-centered approaches in K—12 and higher education**. Edtech Books, 2021. Disponível em: https://edtechbooks.org/student_centered/culturally_responsive_teaching. Acesso em: 3 jul. 2023.

CAPÍTULO 3
A DIMENSÃO ORGANIZACIONAL
A ARQUITETURA DA TRANSFORMAÇÃO DIGITAL E INOVAÇÃO

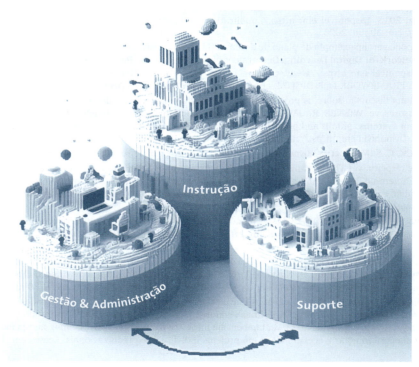

Imagem criada com Microsoft Bing Image Creator em 09-10-2023.

Nunca é demais repetir: navegar na jornada da transformação digital vai muito além de simplesmente integrar ferramentas digitais; requer uma reinvenção significativa da forma como as organizações educacionais operam e promovem a aprendizagem. Ela desencadeia uma redefinição holística dos papéis, funções e fluxos de trabalho organizacionais. Nesse sentido, a criação de estruturas ágeis e escaláveis, bem como o estabelecimento de parcerias e colaborações, são essenciais para o suporte e a aceleração dos esforços de TD.

A dimensão organizacional é a base sobre a qual a jornada de TD é construída. Assim como a dimensão estratégica estabelece a visão e os objetivos de longo prazo e a dimensão humana enfatiza o envolvimento e a capacitação das pessoas, a dimensão organizacional concentra-se na estrutura, nos subsistemas e nos processos que impulsionam as iniciativas de TD nas instituições educacionais.

Essa dimensão explora a importância de alinhar os objetivos organizacionais com os estratégicos e o papel do Comitê de TD em impulsionar e comunicar o propósito da transformação. Nela são abordados a criação de estruturas organizacionais ágeis e escaláveis, que promovem a colaboração, integração e adaptabilidade entre as áreas funcionais, e o impacto da TD nos processos de tomada de decisão, canais de comunicação e cultura organizacional como um todo.

O QUE ESPERAR DESTE CAPÍTULO

Neste capítulo, vamos explorar o papel crítico da estrutura organizacional, das parcerias e da colaboração na implementação de iniciativas de TD bem-sucedidas, com insights sobre os três principais subsistemas dentro de uma organização educacional: gestão & administração, instrução e suporte. Nele, discutimos os desafios e oportunidades exclusivos de cada subsistema e como eles contribuem para o processo geral de transformação.

Além disso, abordaremos a necessidade de novos papéis, como os de Diretor Digital ou Cientista de Dados, para impulsionar a inovação e as iniciativas digitais. Por fim, falaremos da importância de estabelecer políticas, processos e procedimentos eficazes para garantir a implementação e gestão eficientes das iniciativas de TD.

Ao final do capítulo, você terá uma compreensão abrangente da dimensão organizacional da TD na educação e estará preparado com recomendações e estratégias práticas para navegar na jornada de TD em sua instituição.

3.1 O SISTEMA EDUCACIONAL E SEUS SUBSISTEMAS

Para compreender a dimensão organizacional da TD, é necessário começar com uma exploração dos componentes fundamentais que definem uma organização educacional.

Em nível básico, uma organização educacional pode ser estruturalmente definida por um sistema que compreende três subsistemas principais: 1) gestão & administração; 2) instrução; e 3) suporte.

Figura 3.1 – Os três subsistemas do sistema educacional.

Fonte: adaptado de Moore & Kearsley (2004).[1]

A Figura 3.1 é uma simplificação da visão de sistema proposta por Moore e Kearsley para a educação a distância (EAD). Os autores consideram que um sistema é composto por vários subsistemas e está interconectado com sistemas maiores – semelhante a um corpo humano, que tem subsistemas biológicos intrincados inseridos em sistemas sociais mais amplos. De igual modo, um sistema de EAD está entrelaçado a um sistema educacional mais amplo e abrange um conjunto de subsistemas interdependentes que podem ser adaptados para atender a necessidades e metas nesse cenário em constante evolução.[*]

Esses três subsistemas podem ser assim descritos:

- **Gestão & Administração** – compreende todas as funções relacionadas a gestão operacional, políticas e governança da instituição. Também é responsável por gerenciar os programas no sistema educacional como um todo. Inclui liderança executiva, finanças, recursos humanos, serviços de TI, gerenciamento de instalações, departamento jurídico e atendimento ao estudante,

---

[*] Isso abrange diversas esferas governamentais (federal, estaduais e municipais) e, no caso de universidades corporativas, o alinhamento com os objetivos e estratégias da organização.

como inscrições, orientação de carreira, aconselhamento, auxílio financeiro, alojamento estudantil e serviços de saúde.

- **Instrução** – abrange todos os aspectos do ensino e aprendizagem, inclusive design e entrega de cursos e produção de conteúdo. O pessoal envolvido é formado por membros do corpo docente, especialistas, designers instrucionais, instrutores, tutores e todos aqueles implicados diretamente no design de cursos, na entrega de conteúdo e na mediação da aprendizagem.
- **Suporte** – comporta funções que oferecem apoio essencial ao processo de ensino-aprendizagem, mas não estão diretamente envolvidas na entrega de conteúdo ou na mediação da aprendizagem propriamente dita. Inclui assistentes de ensino, bibliotecários, tecnólogos educacionais e orientadores acadêmicos.

Essa categorização oferece uma visão ampla das funções dentro de uma organização educacional e a simplifica a discussão do processo complexo que é a transformação digital. Uma iniciativa de TD engloba todos esses subsistemas, dada a interconexão de seus papéis nas operações da organização.

Considerando o **subsistema de gestão & administração**, a TD pode impulsionar estratégias orientadas a dados. Nesse contexto, os administradores utilizam a análise de dados para avaliar tendências de matrículas, gerenciar recursos ou melhorar a eficiência operacional. A transição para a tomada de decisões baseada em dados pode tornar as funções administrativas mais responsivas e precisas, alinhadas com as demandas imediatas e em constante desenvolvimento da organização.

Enquanto isso, o **subsistema de instrução** pode testemunhar uma mudança em direção a papéis mais centrados nas pessoas, viabilizados por ferramentas digitais. Por exemplo, os educadores passarem a utilizar inteligência artificial para personalizar o currículo com base nos estilos de aprendizagem dos estudantes ou a realidade virtual para promover experiências de aprendizagem imersivas e engajadoras. O resultado é um design instrucional mais adaptativo e centrado no estudante, que redefine os papéis e as práticas de ensino.

Da mesma forma, o **subsistema de suporte**, visto por uma perspectiva centrada em processos, pode se transformar de modo que as plataformas digitais sejam utilizadas para aprimorar a entrega de serviços. Por exemplo, uma biblioteca universitária que disponibiliza um assistente de pesquisa online, ou um centro de aprendizagem que fornece ajuda acadêmica com suporte de inteligência artificial 24 horas por dia, sete dias por semana (24/7).

No entanto, é a interação intricada entre essas várias mudanças o que realmente caracteriza a mudança organizacional na TD. Por exemplo, os insights obtidos a partir da análise de dados podem influenciar os métodos de

ensino-aprendizagem, que por sua vez podem gerar modificações no suporte ofe-
recido aos estudantes. Ao mesmo tempo, melhorias no suporte podem informar
as práticas de ensino e, por sua vez, impactar a tomada de decisões estratégicas.

3.2 ESTRUTURA ORGANIZACIONAL E TRANSFORMAÇÃO DIGITAL

A chegada da TD frequentemente desafia as estruturas organizacionais tradicionais. As hierarquias talvez precisem ser flexibilizadas para possibilitar maior agilidade e tomada de decisões mais rápidas, e é possível que surjam novos papéis
concentrados em capacidades digitais. Aqui se explora como a TD impacta a
estrutura organizacional, a criação de novos papéis e a necessidade de áreas e
departamentos trabalharem de maneira mais integrada e colaborativa.

3.2.1 Tipos de estrutura organizacional adequados para a transformação digital

Uma estrutura organizacional escalável e ágil, que incentiva a colaboração entre
áreas e a distribuição da tomada de decisões, é fundamental para o sucesso da
TD em qualquer instituição educacional.

A escalabilidade envolve processos e sistemas capazes de se expandir ou se
contrair com base em tendências de dados e nos objetivos estratégicos. Isso
pode envolver atender a uma base de clientes maior, gerenciar mais dados ou
lidar com operações mais complexas.

Ou seja, à medida que a organização cresce, as estruturas, os sistemas e os
processos podem lidar efetivamente com a complexidade, carga de trabalho
e demanda crescentes sem um aumento proporcional nos custos ou recursos.
Isso porque, em vez de adicionar recursos linearmente (ampliando os gastos),
a escalabilidade permite um crescimento exponencial com custos incrementais
mínimos.

Um exemplo é a implementação de serviços baseados em nuvem para gerenciar matrículas e registros de estudantes, proporcionando flexibilidade e permitindo ajustes rápidos quando necessário. As funções de suporte também podem
utilizar plataformas digitais para oferecer serviços sob demanda e remotos, mais
facilmente ampliados. Por exemplo, o aconselhamento realizado por meio de
plataformas online disponíveis no esquema 24/7. Ou as bibliotecas com recursos digitais acessíveis a qualquer momento e em qualquer lugar, estendendo
seu alcance além das fronteiras físicas. Além disso, a tecnologia pode automatizar consultas rotineiras, liberando a equipe para se concentrar em tarefas de
suporte mais complexas e de alto valor agregado.

Um aspecto-chave da TD é a capacidade de a organização se adaptar rapidamente às mudanças. Em um modelo ágil e escalável, a tomada de decisões é

baseada em dados. Em vez de deliberações hierárquicas embasadas em informações limitadas ou na intuição, os gestores utilizam ferramentas digitais para coletar e interpretar dados, capacitando todos os níveis da organização a tomar decisões mais informadas.

Nessa estrutura, a autoridade para tomar decisões é mais distribuída por toda a organização, permitindo que equipes e indivíduos respondam rapidamente. Tal descentralização pode acelerar os processos de deliberação, incentivar maior engajamento e responsabilidade e promover uma mentalidade empreendedora por todos os setores.

De fato, organizações ágeis geralmente eliminam os "silos" e incentivam a colaboração entre áreas. As equipes são frequentemente estruturadas em torno de produtos, serviços ou segmentos de clientes, em vez de funções de negócios tradicionais. Isso pode melhorar a coordenação, acelerar os tempos de resposta e promover uma visão mais holística do negócio.

3.3 COMO CONSTRUIR UMA ESTRUTURA ORGANIZACIONAL ESCALÁVEL E ÁGIL

Uma estrutura escalável e ágil é um componente crítico para o sucesso da TD em qualquer organização educacional. Nesta seção, exploramos as principais estratégias e considerações para a construção de uma estrutura que permita inovação, colaboração e adaptabilidade.

3.3.1 Alinhamento de objetivos organizacionais e objetivos estratégicos

A TD bem-sucedida não ocorre no vácuo: é fundamental que os objetivos gerais da organização estejam intimamente alinhados com os objetivos estratégicos da iniciativa de TD. Esse processo tem várias etapas, que começam com uma comunicação clara e se estendem até a efetivação dos planos estratégicos por meio de atividades operacionais.

O Comitê de TD desempenha um papel crucial em garantir que os objetivos estratégicos da iniciativa de TD sejam comunicados de forma clara e eficaz a toda a organização. Isso garante que todos os membros, da alta administração à equipe operacional, estejam cientes da direção que se está seguindo. É importante que esse processo de comunicação seja bidirecional, de modo que feedbacks e sugestões fluam de volta ao comitê, com uma cultura inclusiva de mudança.

O cerne da questão está em desdobrar os objetivos estratégicos em objetivos operacionais tangíveis para os diferentes departamentos e equipes. Por exemplo, se um objetivo estratégico é melhorar a experiência do aprendiz por meio da TD, os objetivos operacionais podem incluir a redução dos tempos de resposta usando chatbots de IA ou a personalização da experiência de aprendizagem com

PARTE I As cinco dimensões da transformação digital na educação

a análise de dados. Assim, cada objetivo operacional deve estar diretamente relacionado a um aspecto do objetivo estratégico para garantir uma progressão coesa rumo aos objetivos da TD.

O passo seguinte é integrar ferramentas e práticas digitais às operações diárias. Isso consiste em adotar novas tecnologias, capacitar a equipe em habilidades digitais ou reformular os fluxos de trabalho para aproveitar as potencialidades tecnológicas. Novamente, cada uma dessas mudanças deve estar diretamente vinculada a objetivos estratégicos mais amplos, e não ocorrer apenas pela adoção digital em si.

A última parte do alinhamento envolve o monitoramento regular do progresso em relação aos objetivos estratégicos e o ajuste dos objetivos operacionais, caso necessário. Esse é um processo contínuo de melhoria, permitindo que a organização faça ajustes e assegure o alinhamento aos objetivos. Os indicadores de desempenho (KPIs) vinculados aos objetivos estratégicos, como vimos no Capítulo 1, permitem acompanhar a evolução e a eficácia da iniciativa de TD.

3.3.2 Avaliação da estrutura organizacional atual

Antes de embarcar em uma jornada de TD, é importante realizar uma análise rigorosa da estrutura organizacional atual com o objetivo de reconhecer os obstáculos potenciais e facilitar os mecanismos inerentes ao tecido cultural e aos processos operacionais da organização.

Como vimos na dimensão humana, no âmbito da cultura organizacional, o Comitê de TD deve analisar as atitudes existentes em relação a mudança e inovação. Por exemplo, os professores têm propensão a adotar novas ferramentas digitais ou preferem seguir métodos tradicionais de ensino? O pessoal de apoio acadêmico está aberto a adotar novas formas de interagir com estudantes e professores ou está preso a modelos convencionais de prestação de serviços?

O *Framework* de Valores Concorrentes de Cameron e Quinn[2] pode ser um instrumento interessante para essa análise, propiciando insights sobre o alinhamento da cultura organizacional com os requisitos da TD. Ele permite a construção de um perfil da cultura organizacional por meio da identificação das características dominantes.

Framework **de Valores Concorrentes**

Esse modelo utiliza duas dimensões para avaliar e definir o cenário cultural da organização. A primeira vai da versatilidade e maleabilidade organizacional, em um extremo, à estabilidade e durabilidade organizacional, no outro. A segunda varia de coesão e consonância organizacional, em uma ponta, à separação e independência organizacional na outra. Essas dimensões se desdobram em quatro quadrantes que agrupam distintos tipos de cultura organizacional:

Figura 3.2 – *Framework* de Valores Concorrentes.

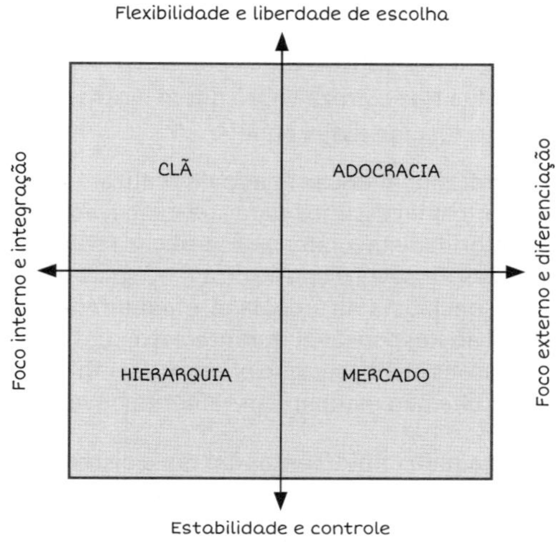

Fonte: Cameron & Quinn.[3]

No contexto de uma organização educacional, a cultura de **Clã** é evidenciada na comunidade de docentes que compartilham recursos didáticos e boas práticas de ensino. A cultura de **Adocracia** se manifesta na disposição da gestão & administração em adotar soluções digitais inovadoras. A cultura de **Mercado** é percebida no empenho da instituição em aumentar as matrículas online, melhorar a oferta de cursos virtuais ou aprimorar os serviços digitais para estudantes. Ao passo que uma cultura de **Hierarquia** pode ser observada em um processo de tomada de decisão rígido e hierárquico, potencialmente prejudicial à agilidade necessária para a TD.

Para alinhar a cultura organizacional com as demandas da TD, os líderes precisam avaliar quais desses aspectos predominam em sua organização e como podem ser adaptados ou modificados. Por exemplo, em uma cultura fortemente hierárquica, a transição para uma abordagem mais adocrática ou orientada ao clã poderia promover um ambiente mais propício à TD. Isso envolveria o estímulo a iniciativas de baixo para cima, a colaboração entre os departamentos ou a adoção de uma postura mais propensa a assumir riscos no que tange à adoção de novas tecnologias.

A TD pressupõe ainda a evolução dos papéis tradicionais para atender às demandas de uma organização orientada digitalmente. Por exemplo, os docentes podem precisar assumir novas responsabilidades, como integrar recursos digitais em seus currículos ou utilizar análises de dados para monitorar o desempenho dos estudantes. Da mesma forma, a equipe de suporte pode ter de se adaptar a plataformas digitais para fornecer serviços aos alunos.

PARTE I As cinco dimensões da transformação digital na educação

Instrumentos como a Matriz RACI[**] podem facilitar a definição papéis e responsabilidades em um contexto pós-transformação.

A **Matriz RACI** é uma ferramenta valiosa para remodelar funções e responsabilidades durante um projeto de TD. Ela traz clareza sobre quem é responsável pelo quê dentro da iniciativa de TD. O acrônimo resume esses papéis:

- **Responsável (R)** – profissional encarregado de realizar uma atividade, com as habilidades e conhecimentos necessários para sua execução.
- **Autoridade (A)** – a autoridade incumbida de verificar a conclusão satisfatória da atividade realizada pelo Responsável e aprovar o avanço para a próxima etapa do projeto.
- **Consultado (C)** – o especialista na área da tarefa definida, encarregado de fornecer suporte e assistência ao Responsável durante a execução da atividade.
- **Informado (I)** – as pessoas ou líderes que precisam ser informados sobre o progresso da atividade, mesmo que não estejam diretamente envolvidos em sua execução.

Por exemplo, em um projeto para implementar um novo sistema de gestão de aprendizagem (LMS), o modelo RACI pode se traduzir em algo como:

O administrador do sistema (R) é o responsável pela configuração técnica, configuração e manutenção contínua do novo LMS. O gerente de TI é a autoridade (A) que responde, em última instância, pelo sucesso ou fracasso do projeto. Essa pessoa garante que as atividades sejam atribuídas e concluídas no prazo e que todas as partes interessadas sejam envolvidas nas etapas apropriadas. Os designers instrucionais consultados (C) fornecem insights cruciais sobre requisitos do usuário, compatibilidade de design de cursos e outras características necessárias ao processo de ensino-aprendizagem. Docentes e estudantes são informados (I) sobre o andamento do projeto, possíveis períodos de inatividade, sessões de treinamento e o lançamento oficial do novo sistema.

A clara delimitação de papéis e responsabilidades ajuda a garantir que as atividades sejam realizadas de forma eficiente e que todas as partes envolvidas conheçam suas determinadas funções, reduzindo assim sobreposições ou lacunas nos papéis.

Por fim, para promover agilidade na tomada de decisões e garantir um fluxo de informações contínuo, a gestão pode precisar reavaliar os canais de comunicação existentes. Por exemplo, existem mecanismos que permitem aos docentes compartilhar as melhores práticas de ensino digital? A equipe de suporte possui uma plataforma para troca eficiente de informações?

Modelos como a Análise da Rede Organizacional (que vimos no Capítulo 2) e o Modelo de Fluxo de Comunicação Organizacional (Figura 3.3) podem fornecer

---

[**] Não há consenso sobre a origem da Matriz RACI, mas acredita-se que tenha sido inspirada pelas práticas de *lean manufacturing*. Provavelmente foi registrada pela primeira vez na literatura em JACKA, J. M.; KELLER, P. J. **Business process mapping:** improving customer satisfaction. New Jersey: Willey, 2009. Para mais informações, ver FIA. **Matriz RACI:** o que é, benefícios e como utilizar?, 29 de junho de 2020. Disponível em: https://fia.com.br/blog/matriz-raci-o-que-eo beneficios-e-como-utilizar/. Acesso em: 7 jul. 2023.

insights valiosos sobre a eficiência dos canais de comunicação da organização e sua prontidão para a TD.

De acordo com Robbins & Coulter, o **Modelo de Fluxo de Comunicação Organizacional**[4] organiza as comunicações em três direções:

Figura 3.3 – Direções do fluxo de comunicação organizacional.

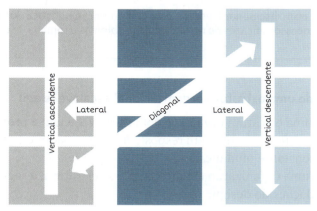

Fonte: adaptado de Robbins & Coulter.[5]

1. **Vertical** – envolve a transmissão de mensagens entre a alta gerência e os subordinados. Pode ser descendente, quando os gestores comunicam estratégias e políticas para orientar os subordinados, ou ascendente, quando os subordinados fornecem feedback e relatam o avanço de seu trabalho.

   No contexto da TD em organizações educacionais, a comunicação ascendente pode desempenhar um papel crucial. É o caso quando a alta gerência busca ativamente feedback dos professores e da equipe sobre a eficácia das novas ferramentas e plataformas digitais implementadas na sala de aula. Esse retorno ajuda a melhorar o processo de implementação e a abordar desafios ou obstáculos enfrentados pelos educadores, além de assegurar que a TD esteja alinhada com os objetivos da organização e as necessidades dos estudantes. Da mesma forma, os professores podem fornecer insights e sugestões sobre os tipos de recursos digitais e treinamento necessários para aprimorar suas práticas. A comunicação bidirecional promove a colaboração, capacita os educadores e permite melhorias contínuas na jornada da TD.

2. **Horizontal** – refere-se à troca de informações entre pessoal do mesmo nível hierárquico, promovendo a colaboração entre departamentos funcionais. Além disso, permite a coordenação eficiente de tarefas e promove um entendimento comum entre os envolvidos, resultando em maior eficiência e eficácia na busca dos objetivos organizacionais no processo de TD.

   Por exemplo, educadores de diferentes áreas podem se envolver na comunicação horizontal para discutir as melhores práticas de integração da tecnologia em seus métodos de ensino. Isso permite que compartilhem ideias, recursos e estratégias para aprimorar a experiência geral de aprendizagem digital.

39

PARTE I As cinco dimensões da transformação digital na educação

3. Diagonal – abrange a comunicação entre diferentes níveis organizacionais e unidades de trabalho, desempenhando um papel crucial no contexto da TD especialmente ao considerar a natureza complexa e multidisciplinar dos desafios envolvidos. Envolve fomentar canais de comunicação que transcendem as fronteiras hierárquicas tradicionais e incentivam a colaboração e o compartilhamento de conhecimento entre indivíduos com diferentes formações e experiências.

Por exemplo, educadores, especialistas em TI, designers instrucionais e gestores podem compartilhar insights, trocar ideias e colaborar no desenvolvimento de abordagens inovadoras que integrem tecnologia, pedagogia e design curricular. Essa perspectiva multi, inter e transdisciplinar favorece uma compreensão holística dos desafios da TD e promove processos eficazes de resolução de problemas e tomada de decisão em toda a organização.

3.3.3 Design de uma estrutura organizacional escalável e ágil

Como vimos, uma estrutura organizacional escalável e ágil é projetada para se adaptar e crescer flexivelmente em resposta às necessidades e condições de um mercado em constante mudança.

Para mover uma organização em direção a essa estrutura, a seguir estão algumas recomendações de design:

- **Adotar uma estrutura organizacional mais plana** – afastar-se de uma estrutura hierárquica tradicional aumenta significativamente a agilidade da organização. Para isso, é importante instituir equipes pequenas e multifuncionais nas quais a tomada de decisões é compartilhada e a colaboração é incentivada. Por exemplo, uma equipe composta por membros do corpo docente, pessoal de TI e um representante administrativo que, endossada pelo Comitê de TD, tem autonomia para tomar decisões rápidas sobre modificações nos cursos e recursos educacionais, sem necessidade de esperar por várias camadas de aprovação. Com base no feedback em tempo real dos estudantes, essa equipe pode decidir adaptar o conteúdo do curso para se adequar melhor ao formato online ou ao perfil do público.
- **Criar funções de liderança digital** – aqui se incluem o Chief Digital Officer (Diretor de TD) e o Digital Transformation Strategist (Estrategista de TD). Essas pessoas podem supervisionar a iniciativa de TD, além de interagir com o Comitê. Os líderes digitais podem se reunir regularmente com o corpo docente para entender suas necessidades em relação a recursos digitais, trabalhar com a TI para implementar soluções e colaborar com a administração para garantir o alinhamento com a visão institucional.
- **Investir em talentos digitais** – como uma instituição educacional, é essencial investir em habilidades digitais em todos os subsistemas. Por exemplo, a contratação de designers instrucionais e tecnólogos educacionais para o

subsistema de instrução pode melhorar significativamente o design de cursos online. Ao mesmo tempo, o aprimoramento das habilidades do pessoal administrativo no uso de ferramentas de análise de dados pode otimizar os processos de atendimento aos estudantes, como a admissão ou o auxílio financeiro.

- **Fomentar a cultura de inovação** – é importante incentivar a geração de ideias e a experimentação em todos os subsistemas. Pode-se estabelecer uma "hora da inovação" em que os membros da equipe são incentivados a explorar novas ideias e ferramentas. Por exemplo, um funcionário da biblioteca pode sugerir a criação de um aplicativo de realidade virtual para visitas online à biblioteca, levando a um projeto interdisciplinar envolvendo TI e corpo docente.

- **Facilitar a colaboração entre diferentes áreas** – grupos de trabalho ou forças-tarefa interdepartamentais podem ser criados para abordar metas específicas de TD. Por exemplo, um grupo de trabalho sobre inteligência artificial na educação, que inclua professores de ciência da computação, tecnólogos educacionais, analistas de dados e representantes de serviços estudantis, para explorar o uso de chatbots de IA e auxiliar nas dúvidas dos estudantes, desenvolvendo uma proposta para sua implementação.

- **Implementar metodologias ágeis para gestão de projetos** – metodologias como Scrum ou Kanban*** estimulam a adaptabilidade e a rápida resposta às mudanças. Por exemplo, ao desenvolver um aplicativo para que os alunos acessem conteúdo e notas do curso, uma equipe Scrum formada por um docente como especialista no assunto, um desenvolvedor de TI, um responsável pela privacidade de dados e um representante dos estudantes pode trabalhar em iterações, com revisões regulares e ajustes com base no feedback obtido.

- **Investir em alfabetização e fluência digital** – além da contratação de talentos com habilidades digitais, os funcionários atuais devem ser capacitados nas competências digitais necessárias. Isso pode ser feito por meio de workshops ou cursos de certificação. Por exemplo, um workshop sobre Técnicas

---

*** **Scrum** é um processo iterativo no qual as decisões são tomadas em diversos momentos, possibilitando que uma equipe volte atrás e realize mudanças a qualquer momento. Isso torna o Scrum particularmente adequado para projetos que envolvem incerteza e pouca previsibilidade, pois permite alterações mesmo em estágios mais avançados (SCHWABER, K.; SUTHERLAND, J. **Guia do Scrum.** Disponível em: https://scrumguides.org/docs/scrumguide/v2017/2017-Scrum-Guide-Portuguese-Brazilian.pdf.). **Kanban** é um método para gerenciar o trabalho de conhecimento com o objetivo de alcançar a entrega *just-in-time*, evitando sobrecarregar os membros da equipe. Todo o processo, desde a definição da tarefa até a entrega ao cliente, é exibido em um quadro Kanban, permitindo que os membros da equipe visualizem o status de cada tarefa e o fluxo geral de trabalho (ANDERSON, D. J. **Kanban:** mudança evolucionária de sucesso para seu negócio de tecnologia. Blue Hole Press, 2011).

Eficazes de Ensino Online pode ser útil para os docentes que estão fazendo a transição do ensino presencial para o online.

- **Engajar-se em parcerias e colaborações** – fazer conexões com empresas de tecnologia educacional, associações setoriais e instituições pares pode trazer perspectivas e recursos inovadores. Por exemplo, uma parceria com uma startup de tecnologia educacional pode fornecer ferramentas avançadas de analítica de aprendizagem para uso tanto pelo corpo docente quanto pelo apoio acadêmico. Alternativamente, juntar-se a um consórcio educacional pode levar a projetos de pesquisa conjuntos e ao compartilhamento de melhores práticas em TD.

Ao implementar essas recomendações, a organização pode avançar em direção a uma estrutura ágil e escalável, permitindo que se adapte, inove e se desenvolva no ambiente dinâmico da atualidade.

3.3.4 Definição de políticas, processos e procedimentos eficazes

Com uma estrutura organizacional desenhada para promover a TD, o passo seguinte é definir ou revisar as políticas, processos e procedimentos existentes para garantir seu alinhamento com os objetivos.

Tudo começa em **estabelecer estruturas de governança claras** que determinem a forma como as decisões devem ser tomadas, a frequência das reuniões e os canais de comunicação. O objetivo é promover transparência, responsabilidade e o alinhamento com os objetivos estratégicos da organização. Os membros do corpo docente podem ser solicitados a realizar avaliações quinzenais de uma nova ferramenta de ensino online e fornecer feedback ao Comitê de TD para uma tomada de decisão informada, por exemplo.

Também é necessário revisar as políticas existentes para garantir que estejam alinhadas com a TD. Cada subsistema dentro da organização deve contribuir com suas diretrizes específicas, revisando ou criando políticas, tais como:

- Política de acesso e uso de recursos digitais, incluindo dispositivos eletrônicos, software e plataformas online.
- Política de segurança da informação para proteção de dados pessoais, prevenção de acesso não autorizado aos sistemas e implementação de medidas de segurança cibernética.
- Política de propriedade intelectual relacionada a criação, uso e compartilhamento de conteúdo digital.
- Política de privacidade e proteção de dados para garantir conformidade com leis e regulamentos.

- Políticas de RH relacionadas a trabalho remoto ou horários flexíveis, monitoramento de produtividade, comunicação eficaz entre equipes remotas e instalações físicas, provisão de recursos, reembolso de despesas e suporte técnico para o trabalho remoto, além de cumprimento de obrigações legais pela instituição e pelos colaboradores.

Para manter consistência e eficácia em todas as iniciativas de TD, recomenda-se **estabelecer protocolos e modelos para gestão de projetos**. Os protocolos delineiam os passos necessários, da concepção à avaliação de cada projeto, incluindo fluxos de tomada de decisão, cronograma, alocação de recursos, gerenciamento de riscos e indicadores-chave de desempenho. Com eles, as equipes podem trabalhar de forma coesa e evitar esforços isolados. Criar modelos para planos de projeto, planos de gerenciamento de riscos e relatórios de progresso também ajuda a manter a clareza e uniformidade na gestão dessas iniciativas.

Além disso, é crucial **adotar práticas de gestão da mudança**. A implementação de uma estratégia organizacional de TD envolve mudanças significativas em todos os subsistemas. Cada um deles enfrenta desafios únicos, como a adoção de novas metodologias de aprendizagem, a incorporação de ferramentas digitais e o gerenciamento de cargas de trabalho aumentadas.

Por exemplo, o subsistema de instrução pode precisar se adaptar a novos métodos de ensino, o subsistema de gestão & administração pode exigir treinamento em novas ferramentas digitais e o subsistema de suporte pode lidar com o aumento da carga de trabalho devido às iniciativas digitais. A estrutura organizacional deve facilitar a transição desses subsistemas, identificando e capacitando agentes de mudança em cada um – esses indivíduos podem advogar pela transformação, ajudar os colegas e fornecer feedback valioso à liderança. O Comitê de TD é fundamental para coordenar esses esforços e garantir o alinhamento com os objetivos estratégicos gerais.

A organização educacional também deve **estabelecer canais de comunicação claros**, consistentes e transparentes para informar sobre o avanço e os benefícios das iniciativas de TD. Essa prática ajuda a aliviar preocupações, construir confiança e promover um senso de propriedade coletiva entre todos os membros da equipe nos três subsistemas. A comunicação eficaz reforça a compreensão de que a TD não é apenas uma mudança tecnológica, mas um esforço de toda a organização.

Um caso seria uma equipe multifuncional composta por membros dos subsistemas de gestão & administração, instrução e suporte encarregada de migrar um curso presencial existente para um formato online. As atividades de concepção e criação de novos módulos de ensino digital para o curso, passando pelo

PARTE I As cinco dimensões da transformação digital na educação

desenvolvimento de estratégias para o engajamento online dos estudantes até chegar à implementação da infraestrutura de TI e dos serviços de apoio necessários, precisam ser apoiadas por protocolos bem definidos, com os processos de tomada de decisão, os cronogramas, as possibilidades de alocação de recursos, os riscos a serem gerenciados e os indicadores-chave de desempenho.

Outro aspecto igualmente importante é **monitorar e avaliar as parcerias** estabelecidas com empresas de tecnologia educacional, instituições parceiras e associações industriais para garantir que estejam alinhadas com os objetivos de cada subsistema e com a estratégia geral da TD.

Por fim, é necessário **realizar avaliações contínuas da estrutura organizacional e gerenciar a resistência à mudança**. Embora todos os subsistemas dentro da organização precisem ser fluidos e adaptáveis a ela, é essencial reconhecer que a resistência à mudança é uma resposta humana natural.

Membros do corpo docente (subsistema de instrução) podem resistir à implantação de um novo sistema de avaliação digital devido à falta de familiaridade ou à preocupação com o aumento da carga de trabalho. Ao mesmo tempo, o departamento de RH (que faz parte do subsistema de gestão & administração) pode ser contrário à digitalização de certos processos por causa dos riscos percebidos à privacidade de dados ou de requisitos adicionais de treinamento. O Comitê de TD deve levar essas reações em consideração, ouvindo as preocupações e abordando-as diretamente para promover um ambiente no qual a mudança seja bem-vinda.

É importante ainda **estabelecer um mecanismo contínuo de avaliação** para analisar a eficácia da nova estrutura organizacional. Para isso, o Comitê de TD deve buscar feedback de todos os envolvidos e monitorar indicadores-chave de desempenho (KPIs). Se certos aspectos da estrutura forem considerados menos eficazes em apoiar a TD, eles devem ser refinados ou ajustados. Um exemplo de KPI poderia ser o tempo decorrido desde a concepção de uma ideia até sua implementação, refletindo quão adaptável e responsiva é a estrutura organizacional.

3.3.5 Implicações da transformação digital para os Recursos Humanos

À medida que as instituições educacionais embarcam na jornada da TD, os papéis e responsabilidades dos envolvidos inevitavelmente sofrem mudanças significativas que afetam não apenas o dia a dia dos educadores, mas também a rotina do departamento de RH, promovendo alterações significativas nas práticas tradicionais.

Embora as ações específicas dependam da situação financeira e da cultura organizacional de cada instituição, seguem algumas considerações importantes:

- **Redefinição de cargos** – à medida que a TD remodela o cenário educacional, muitas funções podem surgir, evoluir ou tornar-se obsoletas. Essa mudança se estende ao departamento de RH, exigindo novos papéis relacionados à adoção de tecnologias, aprendizagem digital e gestão da mudança. Nesse sentido, equipes de RH e liderança devem revisar e redefinir as descrições de cargos para refletir com precisão essas alterações, formando uma base para a modificação de aspectos-chave de remuneração e carreira.
- **Transformação digital das práticas de RH** – os departamentos de RH também estão passando por uma transformação, migrando de práticas tradicionais com suporte em papel para sistemas digitais. Tal transição pode aprimorar a tomada de decisões baseada em dados, agilizar processos e melhorar a experiência dos funcionários. Sistemas automatizados de recrutamento podem simplificar as contratações, enquanto plataformas digitais de autoatendimento para funcionários podem tornar mais eficientes tarefas administrativas, como solicitações de licença ou gerenciamento de benefícios.
- **Modelos de remuneração** – à medida que os cargos se tornam mais orientados à tecnologia, a instituição precisa contar com pacotes de remuneração competitivos para atrair e reter educadores e profissionais de RH com habilidades tecnológicas. Fatores como experiência em educação digital ou desenvolvimento de cursos online podem ser componentes importantes nesse processo.
- **Promoções e progressão na carreira** – a era digital requer novas competências e habilidades para os critérios de promoção e progressão na carreira. Isso se aplica tanto a educadores quanto a profissionais de RH que promovam usos inovadores da tecnologia em suas funções.
- **Reconhecimento e recompensas** – reconhecer e recompensar a integração bem-sucedida da tecnologia em toda a instituição é fundamental. As premiações não precisam ser apenas financeiras: incentivos como oportunidades de participar de conferências, créditos em publicações ou horários de trabalho flexíveis podem ser igualmente motivadores.
- **Aquisição de talentos** – a necessidade de candidatos com habilidades digitais aumenta à medida que as tecnologias digitais se integram às operações da instituição. Isso pode demandar uma revisão dos anúncios de emprego, dos critérios de seleção para atrair candidatos adequados e dos editais de concurso.
- **Planejamento de força de trabalho** – departamentos de RH voltados para o futuro precisam alinhar seus planos de força de trabalho com a jornada de TD. Esse alinhamento envolve identificar possíveis lacunas de habilidades

PARTE I As cinco dimensões da transformação digital na educação

e formular estratégias para sua mitigação, como capacitar os funcionários atuais ou contratar novos com as habilidades digitais necessárias.

- **Bem-estar dos funcionários e saúde mental** – mudanças rápidas e possíveis aumentos de carga de trabalho podem impactar o bem-estar dos funcionários. Os departamentos de RH devem desenvolver estratégias ativas para abordar esses efeitos, tais como oferecer opções de trabalho flexíveis e recursos de apoio à saúde mental.
- **Questões jurídicas e de conformidade** – novas questões legais e de conformidade podem surgir com as tecnologias digitais, incluindo as relacionadas à privacidade de dados e à regulamentação do trabalho remoto. Os departamentos de RH precisam acompanhar essas transformações para garantir a conformidade com as políticas da organização.
- **Treinamento e desenvolvimento** – o RH deve liderar pelo exemplo ao se comprometer com a aprendizagem e o desenvolvimento contínuos, alocando parte do orçamento em programas de treinamento ou oportunidades de atualização contínua.
- **Cultura de flexibilidade** – a TD requer mais flexibilidade, especialmente no contexto do ensino e aprendizagem a distância. A reavaliação de políticas relacionadas a carga de trabalho, trabalho remoto e horários flexíveis é um ponto crítico para a estratégia de RH.

À medida que as práticas de RH evoluem em paralelo com a TD, torna-se vital manter o equilíbrio entre os objetivos estratégicos da instituição e a satisfação e desempenho dos funcionários. Os líderes de RH e o Comitê de TD devem avaliar de forma contínua essas práticas e fazer os ajustes necessários, tendo em vista a integração bem-sucedida das novas tecnologias e o bom clima organizacional.

3.3.6 Gestão do corpo docente no contexto da transformação digital

Quando se trata de trilhar uma jornada de TD no ambiente educacional, a gestão e o papel do corpo docente apresentam desafios e oportunidades únicos.

Um dos pontos cruciais é **conseguir o envolvimento e apoio ativo** dos docentes. Mais que simplesmente informá-los sobre o processo, é essencial envolvê-los como colaboradores ativos. Por exemplo, o subsistema de instrução pode incluir os docentes em projetos-piloto de uso de novas ferramentas digitais ou no redesenho de cursos para a modalidade digital. Ao mesmo tempo, é importante que o Comitê de TD assegure sua representatividade, dando-lhes voz nas discussões e tomadas de decisão.

Além disso, **fomentar o desenvolvimento profissional e a capacitação** do corpo docente é um elemento-chave da TD. O Comitê de TD, em parceria com o RH, deve oferecer um leque de oportunidades de aprendizagem, como oficinas sobre técnicas inovadoras de instrução online ou análise de dados para educação. Reconhecer e incentivar os docentes que demonstram comprometimento e inovação nessas áreas contribui para uma cultura de aprendizagem e aprimoramento contínuos.

Tendo em vista a integração efetiva da tecnologia, é essencial **disponibilizar aos docentes recursos e infraestrutura de suporte adequados**. Isso vai além de uma conexão de internet confiável e salas de aula digitais. A criação de um Laboratório de Inovação Digital**** equipado com tecnologias educacionais emergentes e gerenciado por profissionais de TI, por exemplo, pode representar um espaço para os docentes explorarem e experimentarem as possibilidades oferecidas pelas novas tecnologias.

Outro aspecto a observar é **estabelecer expectativas e diretrizes claras** durante o processo de TD. Uma ação seria o Comitê de TD, juntamente com o subsistema de gestão & administração, distribuir um Manual de Transformação Digital[6] com a definição dos papéis e as expectativas dos docentes, além de marcos importantes e políticas relacionadas à educação digital. Também é importante manter o corpo docente atualizado quanto ao progresso e às etapas da TD por meio de atualizações regulares do Comitê de TD.

Da mesma forma que se aplica a todos os funcionários, **reconhecer e valorizar os esforços e as conquistas** do corpo docente na integração das tecnologias tem um efeito poderoso. Isso pode ser feito, por exemplo, por meio de um Prêmio de Inovação Digital***** destinado a docentes que tenham contribuído significativamente para a melhoria dos resultados ou do engajamento dos estudantes pelo uso inovador da tecnologia.

Fomentar a colaboração e o compartilhamento de conhecimento entre os docentes é um valor igualmente importante. O subsistema de suporte pode

---

**** Há uma infinidade de laboratórios de inovação em instituições educacionais ao redor do mundo. A Universidade de São Francisco, por exemplo, oferece não apenas um, mas um conjunto de laboratórios de inovação que permitem que estudantes, professores, pesquisadores e toda a comunidade criem projetos reais, adquiram experiência técnica, conduzam experimentos, simulem práticas de saúde e sejam criativos. Disponível em: https://www.usfca.edu/faculty-research/labs. Acesso em: 9 jul. 2023. Por sua vez, o **Laboratório de Apoio à Inovação da Educação Básica do Brasil (LabInova)** tem como principal objetivo fortalecer e apoiar professores e estudantes para ampliar o processo de ensino-aprendizagem com base no tripé educação, tecnologias e inovação. Disponível em: https://labinova.ufms.br/. Acesso em: 9 jul. 2023.

***** Criado em 2005, o **Prêmio Excelência por Meio da Inovação** (ETIA, na sigla em inglês), da Universidade de Toronto, reconhece funcionários administrativos e bibliotecários exemplares e fornece uma plataforma para compartilhar práticas excepcionais em toda a comunidade de seus três campi. Disponível em: https://people.utoronto.ca/award/etia/. Acesso em: 9 jul. 2023.

PARTE I As cinco dimensões da transformação digital na educação

desempenhar um papel fundamental ao facilitar um Fórum de Ensino Digital******
no qual os docentes compartilhem práticas bem-sucedidas, desafios enfrentados
e lições aprendidas. Além disso, o Comitê de TD deve estabelecer mecanismos
de apoio contínuo e sessões regulares de feedback por parte dos docentes.

Por fim, uma palavra sobre **a liberdade acadêmica e autonomia**: por mais que
protocolos, *templates* e boas práticas sejam compartilhados visando à melhoria
dos processos, é essencial que os docentes tenham flexibilidade e possibilidades de experimentação para explorar metodologias inovadoras e estratégias de
aprendizagem digital.

CONSIDERAÇÕES FINAIS

A dimensão organizacional tem um papel fundamental para impulsionar o êxito
da TD no contexto educacional. Ao construir uma estrutura organizacional
escalável e ágil e aproveitar parcerias estratégicas e colaborações, cria-se um
ambiente que fomenta a inovação e a adaptabilidade. No entanto, é importante
reconhecer que cada instituição é única e que as mudanças necessárias para a
TD dependerão dos objetivos, recursos e prontidão específicos da instituição.

No capítulo seguinte, vamos explorar como a integração entre tecnologias
e metodologias inovadoras pode aprimorar a experiência de aprendizagem.
Ao adotar abordagens personalizadas e adaptativas de ensino e estratégias de
imersivas e gamificadas, é possível criar um ambiente de aprendizagem transformador e envolvente para os estudantes.

Para implementar essas estratégias com sucesso, é necessária uma estrutura
organizacional ágil e de apoio que priorize a aprendizagem contínua, a formação
do corpo docente e da equipe e o uso eficaz de ferramentas e tecnologias digitais.

Adotando as recomendações discutidas neste capítulo de forma integral ou
adaptada, as organizações podem ficar mais bem preparadas para navegar pelas
complexidades da TD e alcançar seus objetivos de longo prazo.

****** Um exemplo interessante é o Fórum de Ensino organizado pela ProLehre no Palácio de Nymphenburg, da
Universidade Técnica de Munique. Esse evento anual conta com uma palestra sobre um tópico específico
relacionado ao ensino universitário seguido por oportunidades de discussões aprofundadas entre os participantes. O fórum oferece uma plataforma para educadores se engajarem em diálogos significativos e
compartilharem insights e melhores práticas. Disponível em: https://www.tum.de/en/studies/teaching/
dialogue-on-teaching/teaching-forum. Acesso em: 8 jul. 2023.

Referências

[1] MOORE, M. G.; KEARSLEY, G. **Educação a distância**: sistemas de aprendizagem on-line. São Paulo: Cengage Learning, 2013.

[2] CAMERON, K. S.; QUINN, R. E. **Diagnosing and changing organizational culture**: based on the competing values framework. Revised Edition. San Francisco: John Wiley & Sons, 2006. Disponível em: https://www.researchgate.net/profile/Tahani_Fourah/post/Is_the_any_test_or_questionnaire_to_measure_the_organizational_climate_anyone_can_suggest/attachment/59d61f45c49f478072e97966/AS%3A271750183489537%401441801700739/download/Diagnosing+and+changing+organizational+culture+Based+on+the+competing+values+framework.pdf. Acesso em: 9 jul. 2023.

[3] *Ibid.*

[4] ROBBINS, S. P.; COULTER, M. A. **Management, global edition.** 14th ed. New York, NY: Pearson Higher Education, 2017.

[5] *Ibid.*

[6] Como um exemplo, o **Manual de transformação digital** de Binh Duong, uma província no Vietnã, é um recurso que abrange mais de vinte questões principais e cem miniquestões que resumem os principais fundamentos da TD. Disponível em: https://eng.binhduong.gov.vn/Lists/TinTucSuKien/ChiTiet.aspx?ID=3097&PageIndex=4&CategoryId=Digital%20Transformation&InitialTabId=Ribbon.Read. Acesso em: 9 jul. 2023.

CAPÍTULO 4
A DIMENSÃO DE ENSINO- -APRENDIZAGEM
A PEDRA ANGULAR DA TRANSFOR- MAÇÃO DIGITAL NA EDUCAÇÃO

Imagem criada com Microsoft Bing Image Creator em 12-08-2023.

A pandemia de covid-19 e a expansão da educação a distância serviram como catalisadores para acelerar a TD na educação. Essa transformação, que já vinha ocorrendo por iniciativa de diversas instituições de ensino e docentes, não apenas trouxe desafios, como a necessidade de capacitação da equipe e a garantia de acesso equitativo às tecnologias, mas também abriu novas possibilidades e oportunidades para aprimorar a qualidade e a inclusão educacional.

À medida que avançam nessa jornada de transformação, as instituições educacionais precisam seguir refletindo, avaliando e adaptando suas abordagens para que que as tecnologias sejam utilizadas de forma significativa e eficaz, em benefício dos estudantes e de seu desenvolvimento.

Nesse sentido, a TD representa a emergência de diversas abordagens educacionais inovadoras que utilizam as tecnologias digitais para aprimorar as experiências de aprendizagem. Da aprendizagem híbrida à personalizada e à social e colaborativa, passando pela microaprendizagem e pela aprendizagem móvel, além da imersiva, muitas são as promessas embutidas na perspectiva da TD para a educação.

Cabe ao sistema como um todo avaliar a efetividade dessas abordagens no alcance dos resultados de aprendizagem em termos de permanência, desempenho e satisfação dos estudantes. A dimensão de ensino-aprendizagem é, portanto, a pedra angular da transformação digital na educação.

O QUE ESPERAR DESTE CAPÍTULO

A dimensão de ensino-aprendizagem está profundamente relacionada ao subsistema de instrução na medida em que este abrange todos os aspectos de design de cursos, entrega de conteúdo e mediação da aprendizagem.

Mais propriamente, essa dimensão é a mais centrada no aprendiz, em suas necessidades de aprendizagem e nos objetivos educacionais, bem como nas estratégias que apoiam os estudantes nesse processo e verificam se foi possível atendê-los.

É desafiador desenhar experiências educacionais centradas no aprendiz utilizando metodologias inovadoras, principalmente porque a esteira de inovações

PARTE I As cinco dimensões da transformação digital na educação

não para de avançar, a uma velocidade cada vez mais alta. Por isso, optamos por alguns grupos de metodologias mais representativos da inovação no campo de ensino-aprendizagem.

Dessa forma, ao final deste capítulo você terá uma visão geral das estratégias que envolvem a seleção e elaboração de conteúdos, a facilitação da aprendizagem com o apoio de atores humanos e, cada vez mais, de sistemas inteligentes, e, não menos importante, a verificação da efetividade das estratégias utilizadas no processo educacional.

4.1 FATORES IMPULSIONADORES DA TRANSFORMAÇÃO DIGITAL NA EDUCAÇÃO

Podemos dizer que experiência imposta pela pandemia de covid-19, de um lado, e pela expansão da modalidade de educação a distância (EAD), de outro, representa um forte impulsionador da TD na educação.

Em primeiro lugar, durante o período de distanciamento social e de restrições de acesso aos espaços físicos institucionais, muitas escolas, universidades e sistemas de educação corporativa tiveram que se adaptar rapidamente e adotar o ensino remoto e a aprendizagem online. Essa transição forçada evidenciou a necessidade de incorporar tecnologias digitais de forma mais ampla no ambiente educacional, levando ao surgimento e à consolidação de novas estratégias e práticas.

Paralelamente, a EAD, que já vinha se expandindo por todo o mundo antes mesmo da emergência sanitária, tornou-se ainda mais relevante, apresentando formas alternativas de interação entre estudantes e professores e de partição em atividades educacionais a distância. De fato, em seu caminho evolutivo, a EAD vem ampliando o acesso à educação, rompendo barreiras geográficas e proporcionando oportunidades de aprendizagem para pessoas que, de outra forma, teriam dificuldades em frequentar aulas presenciais.

Há que se considerar, ainda, que práticas institucionais ou de docentes há tempos têm enriquecido a sala de aula tradicional com metodologias e tecnologias inovadoras. Desde 2012, por exemplo, o **The Innovating Pedagogy Report** traça um panorama dessas inovações.[*] Antes disso, desde 2002, o **Horizon**

---

[*] Trata-se de uma série anual de relatórios produzidos pelo Instituto de Tecnologia Educacional da Open University do Reino Unido para orientar educadores, formuladores de políticas, consultores educacionais, acadêmicos, estudantes, pesquisadores, designers instrucionais, desenvolvedores de software educacional e todos os interessados em inovação pedagógica e cenários futuros de aprendizagem. Alguns destaques dos últimos anos incluem a utilização de inteligência artificial, como o ChatGPT, o metaverso e ambientes 3D imersivos, podcasts, modelos híbridos, realidade virtual e aumentada e chatbot, entre inúmeros outros. Disponível em: https://www.open.ac.uk/blogs/innovating/. Acesso em: 15 jul. 2023.

Report mapeia tecnologias emergentes e tendências que impactam o futuro do ensino superior com base em insights de um painel global de líderes.[**]

Nesse cenário, a TD vem sendo construída na educação por meio de inovações nas práticas educacionais com vistas a assegurar a continuidade e a qualidade do ensino.

4.2 INOVAÇÃO NAS PRÁTICAS DE ENSINO-APRENDIZAGEM

Para aqueles que atuam com tecnologia e educação, está claro que, na TD, a dimensão de ensino-aprendizagem vai muito além da simples substituição de métodos tradicionais por ferramentas digitais. Ela implica repensar a forma como o conhecimento é produzido e distribuído e explorar novas metodologias de ensino-aprendizagem que sejam adequadas ao ambiente digital. Inclui ainda o desenvolvimento de recursos educacionais digitais interativos, o uso de tecnologias imersivas, como realidade virtual e aumentada, e a adoção de abordagens personalizadas que se adaptem às necessidades individuais dos alunos.

No horizonte de inovações para a educação, há muitas promessas e soluções patrocinadas por plataformas mundiais de conteúdos, grandes fornecedores de tecnologia educacional e *edtechs* disruptivas, como veremos a seguir.[1]

4.2.1 Aprendizagem híbrida e sala de aula invertida

A **aprendizagem híbrida** emerge como um modelo potencialmente inovador que combina ensino presencial tradicional e atividades de aprendizagem online. Ela proporciona aos estudantes a flexibilidade de engajar-se no conteúdo de um curso em seu próprio ritmo e horário e, ao mesmo tempo, o benefício de interagir presencialmente com professores e colegas.

A fusão de ambientes de ensino real e virtual demonstra como a TD pode respeitar o legado da tradição educacional e, simultaneamente, abraçar a inovação. A abordagem híbrida permite também acomodar diversas preferências de aprendizado e estilos de vida, oferecendo um equilíbrio entre ambientes de aprendizagem síncrona (em tempo real, no mesmo espaço físico ou virtual) e assíncrona.[2]

Uma forma híbrida de ensino é a **sala de aula invertida**, em que os estudantes acessam os conteúdos de aprendizagem – na forma de palestras em vídeo e leituras, por exemplo – fora da sala de aula tradicional e utilizam o tempo em sala para discussões, atividades colaborativas e desafios práticos. Esse modelo

---

[**] Esse relatório mapeia tecnologias emergentes e tendências que impactam o futuro do ensino superior com base em insights. A primeira edição foi lançada em 2002 por Laurence F. Johnson, CEO da NMC, e desde 2018 ele é publicado pela Educause. Disponível em: https://library.educause.edu/resources/2023/5/2023-educause-horizon-report-teaching-and-learning-edition. Acesso em: 15 jul. 2023.

permite uma instrução mais personalizada, já que os instrutores podem dedicar mais tempo para atender às necessidades e dúvidas dos estudantes.[3]

No geral, a implementação de modelos de aprendizagem híbrida e sala de aula invertida requer colaboração e coordenação entre os diferentes subsistemas organizacionais. Comunicação eficaz, desenvolvimento profissional e alocação de recursos se mostram essenciais para integrar com sucesso essas abordagens nas práticas educacionais da instituição.

4.2.2 Aprendizagem personalizada e adaptativa

A **aprendizagem personalizada** busca atender às necessidades individuais dos estudantes, adaptando o conteúdo, os métodos e as estratégias de ensino para melhor atendê-los. Ela é construída sobre o princípio pedagógico secular de adaptar a educação às características de cada estudante, porém levado a um novo patamar com acompanhamento contínuo orientado por dados.

Por trás dessa ideia está o fato de a TD desbloquear o potencial da tomada de decisões na educação. Tecnologias de mineração e análise de dados permitem que educadores obtenham insights, identifiquem lacunas de aprendizagem e personalizem a instrução, melhorando a experiência de aprendizado como um todo.[4]

A **aprendizagem adaptativa**, por sua vez, utiliza tecnologias avançadas, como a inteligência artificial, para personalizar o processo de aprendizagem em tempo real, ajustando o conteúdo e as atividades com base no desempenho e nas necessidades dos estudantes.[***]

A **andragogia**[5] – arte e ciência de ensinar adultos – é central nesse aspecto. À medida que avançamos em direção a um modelo mais centrado no estudante, o qual valoriza a aprendizagem por toda a vida (*lifelong learning*), o foco na experiência do aprendiz e no autodirecionamento se torna cada vez mais crítico.

Uma manifestação dessa mudança são as metodologias de aprendizagem adaptativa que utilizam algoritmos de IA para fornecer recomendações personalizadas e trajetórias adaptativas. Elas ajustam dinamicamente o conteúdo e as atividades aos estilos e preferências do aluno, permitindo que avance em seu próprio ritmo e receba apoio personalizado.

Essa perspectiva está bastante alinhada à **heutagogia**[6], que enfatiza a aprendizagem autodeterminada e autodirigida independentemente de faixa etária.

[***] Um artigo que esclarece vários termos relacionados ao assunto, como aprendizagem personalizada, aprendizagem adaptativa, aprendizagem individualizada e aprendizagem customizada, é SHEMSHACK, A.; SPECTOR, J. M. A systematic literature review of personalized learning terms. **Smart Learning Environments**, v. 7, 2020. p. 33. Disponível em: https://slejournal.springeropen.com/articles/10.1186/s40561-020-00140-9. Acesso em: 16 jul. 2023.

Nela, o foco vai além do domínio de conhecimentos ou habilidades – as pessoas se tornam responsáveis por sua jornada como aprendizes, uma vez que são capazes de definir os próprios objetivos de aprendizagem, explorar recursos relevantes e avaliar seu progresso.

Ao abraçar essas tendências, destaca-se a necessidade de adaptação nos subsistemas de gestão & administração, instrução e suporte acadêmico para aproveitar plenamente os benefícios da aprendizagem personalizada e adaptativa.

4.2.3 Aprendizagem colaborativa e baseada em problemas e projetos

A **aprendizagem colaborativa** não é novidade para os educadores. Ela envolve os estudantes em atividades e projetos em grupo, proporcionando a oportunidade de desenvolver competências sociais e emocionais críticas para o mundo atual, como o trabalho em equipe, a comunicação eficaz, a empatia e a resolução de conflitos.[7]

No contexto da TD, a aprendizagem colaborativa se expande para além das limitações físicas e geográficas. Os aprendizes de diversas origens podem interagir, colaborar e compartilhar conhecimentos em ambientes que promovem a autonomia, a criatividade e a formação de redes, experimentando maior diversidade de perspectivas e experiências no processo.

A aprendizagem colaborativa também prospera na era digital com o apoio de serviços em nuvem e de análise social. Essas tecnologias proporcionam acesso a uma variedade de recursos e informações online, permitindo que os estudantes pesquisem, explorem e utilizem uma ampla gama de materiais relevantes para seus projetos.

Além disso, as tecnologias digitais oferecem uma série de ferramentas de comunicação e interação, como fóruns de discussão, videoconferências, chats, wikis e documentos compartilhados, que facilitam a interação entre os aprendizes, seja em tempo real ou de acordo com sua disponibilidade. Facilitam a troca de ideias, o compartilhamento de feedback e a resolução conjunta de problemas.

Com relação à aprendizagem colaborativa, podemos citar a **aprendizagem baseada em problemas** e a **aprendizagem baseada em projetos**,[****] que se concentram em propor aos alunos desafios, dilemas e situações do mundo real cuja solução requer criatividade, pensamento crítico e negociação. Essas

---

[****] Ver este artigo interessante que explora a integração entre aprendizagem baseada em problemas e projetos: BRUNDIERS, K.; WIEK, A. Do we teach what we preach? An international comparison of problem- and project-based learning courses in sustainability. **Sustainability**, v. 5, p. 1725-1746, 2013. Disponível em: https://www.researchgate.net/publication/236849579_Do_We_Teach_What_We_Preach_An_International_Comparison_of_Problem-and_Project-Based_Learning_Courses_in_Sustainability. Acesso em: 10 jul. 2023.

PARTE I As cinco dimensões da transformação digital na educação

abordagens incentivam os aprendizes a aplicarem seus conhecimentos e habilidades em contextos práticos, promovendo uma compreensão mais profunda do assunto.

Para a implementação bem-sucedida da aprendizagem colaborativa e baseada em problemas e projetos, ressalta-se a importância de uma abordagem holística e integrada que envolva todos os subsistemas da instituição educacional.

4.2.4 Aprendizagem baseada em competências

Na era digital, o foco muda do tempo de aprendizagem dedicado à sala de aula para o domínio de habilidades ou áreas de conhecimento específicas, nos quais se concentra a **aprendizagem baseada em competências**.[8]

Nessa abordagem, os estudantes podem avançar pelo currículo em seu próprio ritmo, demonstrando competências por meio de avaliações, projetos e outras atividades baseadas em desempenho. Ela enfatiza a aplicação prática de habilidades e conhecimentos, alinhando os resultados de aprendizagem às demandas sociais e/ou do mercado de trabalho.

Sistemas digitais avançados permitem acompanhar o progresso dos aprendizes na aquisição de competências de modo que avancem conforme adquirem conhecimentos – uma combinação perfeita entre a aprendizagem estruturada da pedagogia, a autodireção da andragogia e a autodeterminação da heutagogia.

Mais uma vez, destaca-se a necessidade de alinhamento e coordenação entre os subsistemas institucionais para implementar efetivamente a aprendizagem baseada em competências, que requer uma abordagem abrangente de políticas, currículo, avaliação, desenvolvimento docente e suporte aos estudantes.

4.2.5 Aprendizagem baseada em jogos e gamificação

A **aprendizagem baseada em jogos** incorpora mecânicas de jogo, narrativas e elementos interativos para criar experiências imersivas e interativas de aprendizagem.[9] Os jogos desenvolvidos para fins educacionais são especificamente elaborados para abordar objetivos e conteúdos de aprendizado, e permitem aos alunos explorar, experimentar e aprender com seus erros em um ambiente seguro e envolvente.

A TD possibilita a criação de jogos digitais altamente imersivos e interativos. Com o uso de recursos como gráficos avançados, realidade virtual e aumentada, os aprendizes podem vivenciar e aplicar os conhecimentos e habilidades adquiridos em contextos do mundo real em ambientes virtuais que estimulam a exploração, a experimentação e a resolução de problemas.

Já a **gamificação** incorpora elementos de design de jogos, como sistemas de pontos, rankings, distintivos e desafios, em contextos não relacionados a jogos, como atividades educacionais ou tarefas do ambiente de trabalho. Ao introduzir mecânicas de jogos e recompensas, a gamificação motiva e engaja os aprendizes aproveitando o desejo intrínseco de conquista, competição e recompensas.[10]

No caso da gamificação, plataformas digitais oferecem recursos avançados para criar sistemas de pontuação e premiação, facilitando o acompanhamento do progresso dos estudantes e a criação de estratégias de engajamento mais efetivas. Além disso, por meio da coleta e análise de dados, os educadores podem identificar padrões, reconhecer áreas de dificuldade e adaptar as atividades de gamificação para cada aluno.

Em resumo, a TD potencializa a aprendizagem baseada em jogos e a gamificação, com uma oferta mais ampla de recursos e possibilidades. Personalização, engajamento e interatividade enriquecem a experiência de aprendizagem e contribuem para o desenvolvimento efetivo de habilidades e conhecimentos por parte dos estudantes.

4.2.6 Microaprendizagem e aprendizagem móvel

A **microaprendizagem** divide tópicos complexos em unidades ou módulos menores, de fácil assimilação, geralmente apresentados em formatos multimídia, como vídeos, simulações interativas ou questionários. Essa abordagem auxilia os alunos a interagirem com o conteúdo, com ferramentas e com outras pessoas em sessões curtas e focadas, o que pode aumentar a concentração, além de se adaptar a agendas cheias.[*****]

A **aprendizagem móvel**, por sua vez, utiliza smartphones, tablets e outros dispositivos portáteis para oferecer conteúdo educacional, permitindo que os estudantes acessem recursos e participem de atividades a qualquer hora e em qualquer lugar, aproveitando momentos de espera ou intervalos de tempo livre. Essa abordagem também pode incorporar recursos como gamificação, aprendizagem social e experiências baseadas em localização para enriquecer a experiência de aprendizado.

Ambas as abordagens são características da TD e podem ser incrementadas com a coleta e análise de dados para identificar lacunas de conhecimento e adaptar o conteúdo individualmente.

[*****] Um artigo que introduziu a microaprendizagem como um novo paradigma educacional possibilitado pelos avanços da mídia digital é HUG, T. Micro learning and narration. *In:* **Fourth Media in Transition Conference**, MIT, Cambridge, MA, 2005. p. 19-22. No Brasil, ver FIA. Microlearning: entenda o que é, vantagens e como utilizar **FIA Business School**?, 30 de janeiro 2023. Disponível em: https://fia.com.br/blog/microlearning/. Acesso em: 18 jul. 2023.

PARTE I As cinco dimensões da transformação digital na educação

Como se pode esperar, a implementação efetiva dessas abordagens requer uma ação estratégica e colaborativa entre gestores, educadores e equipes de suporte para garantir seu sucesso e o impacto positivo na aprendizagem.

4.2.7 Aprendizagem imersiva

A **aprendizagem imersiva** busca criar experiências altamente envolventes, experimentais e realistas para os estudantes. Utiliza tecnologias como realidade virtual (RV), realidade aumentada (RA) e realidade mista (RM) para simular ambientes interativos e imersivos que replicam cenários do mundo real.[11]

Na aprendizagem imersiva, os estudantes são apresentados a cenários e desafios complexos que exigem análise de informações, tomada de decisões e aplicação de conhecimentos de maneira prática. Eles podem aprender com seus erros, receber feedback imediato e aprimorar suas estratégias de resolução de problemas, tudo dentro do ambiente imersivo.

Plataformas de realidade virtual e realidade aumentada podem permitir que os estudantes trabalhem juntos no mesmo espaço ainda que fisicamente estejam em locais diferentes. Eles podem colaborar em tarefas, discutir ideias e compartilhar insights, aprimorando suas habilidades de trabalho em equipe e comunicação.

A TD também possibilita a integração da aprendizagem imersiva com outras abordagens educacionais. Por exemplo, combinada à gamificação, a aprendizagem imersiva possibilita aos estudantes participarem de experiências baseadas em jogos em ambientes imersivos; ou, integrada à aprendizagem personalizada e adaptativa, permite alterar as experiências imersivas para atender às necessidades e preferências dos estudantes.

Em resumo, com o uso da tecnologia, a aprendizagem imersiva oferece aos alunos experiências de aprendizagem envolventes e realistas, aprimorando seu engajamento, habilidades de pensamento crítico, resolução de problemas, colaboração e comunicação. Com o suporte da TD, pode ser amplamente implementada e integrada a outras abordagens educacionais, oferecendo aos estudantes uma jornada de aprendizagem mais imersiva, interativa e impactante.

A integração da aprendizagem imersiva requer uma abordagem estratégica e colaborativa da administração, equipe docente e suporte acadêmico, visando aproveitar ao máximo o potencial das tecnologias imersivas para aprimorar a experiência educacional dos estudantes.

4.3 IMPLICAÇÕES DAS ABORDAGENS INOVADORAS PARA OS SUBSISTEMAS INSTITUCIONAIS

À medida que a TD se aprofunda nas práticas educacionais, é essencial que elas considerem e se adaptem a abordagens de aprendizagem inovadoras para atender às necessidades dos estudantes. No entanto, para que sejam implementadas com sucesso, é necessário um planejamento cuidadoso, recursos adequados e um compromisso contínuo com a melhoria. Consideramos a seguir algumas de suas implicações para os três subsistemas da instituição educacional.

No que tange ao **subsistema de gestão & administração**, para cada abordagem educacional inovadora cabe à equipe:

- **Aprendizagem híbrida e sala de aula invertida** – estabelecer diretrizes e procedimentos para integrar efetivamente as atividades de aprendizagem presenciais e online, assegurar a disponibilidade de recursos e infraestrutura necessárias e lidar com questões legais ou regulatórias.
- **Aprendizagem personalizada e adaptativa** – desenvolver políticas e diretrizes para apoiar sua implementação de forma alinhada aos objetivos da instituição, além de alocar financiamento adequado para infraestrutura tecnológica, sistemas de gestão da aprendizagem e desenvolvimento profissional para docentes e funcionários.
- **Aprendizagem colaborativa e baseada em problemas e projetos** – definir políticas que promovam e incentivem a implementação dessas abordagens, incluindo a alocação de recursos financeiros e tecnológicos adequados para apoiar a colaboração e as atividades de resolução de problemas.
- **Aprendizagem baseada em competências** – revisar e ajustar as políticas e estruturas de governança a fim de atualizar critérios de admissão, políticas de transferência de créditos e sistemas de avaliação, alocar recursos financeiros e tecnológicos adequados para suportar essa abordagem, investir em infraestrutura tecnológica e desenvolver programas de desenvolvimento profissional para a equipe.
- **Aprendizagem baseada em jogos e gamificação** – promover a adoção dessas abordagens, investir em plataformas de jogos educacionais e ferramentas de gamificação, além de atualizar a infraestrutura tecnológica para assegurar o acesso e a disponibilidade das ferramentas.
- **Microaprendizagem e aprendizagem móvel** – assegurar a disponibilidade de recursos tecnológicos, como dispositivos móveis, plataformas digitais e acesso à internet, incorporar a microaprendizagem e a aprendizagem móvel na estratégia educacional, além de fornecer treinamentos e suporte aos docentes, capacitando-os no uso efetivo das ferramentas e na integração dessas abordagens em seus planos de ensino.
- **Aprendizagem imersiva** – desenvolver políticas e diretrizes para a integração da abordagem às práticas educacionais, definindo objetivos claros e alinhando-os à visão e estratégia institucional, além de alocar recursos adequados para adquirir as tecnologias imersivas necessárias, investir em infraestrutura

e fornecer treinamento profissional para a equipe, considerando ainda questões de governança, como a segurança e privacidade dos dados dos estudantes envolvidos nas experiências imersivas.

Com respeito ao **subsistema de instrução**, cabe aos docentes e designers instrucionais, em cada abordagem:

- **Aprendizagem híbrida e sala de aula invertida** – projetar e entregar conteúdos online engajadores, criar atividades de aprendizagem interativas e colaborativas e facilitar discussões significativas durante as sessões presenciais.
- **Aprendizagem personalizada e adaptativa** – desenvolver estratégias para apoiar e orientar efetivamente os alunos em sua aprendizagem autônoma fora da sala de aula, incentivando o engajamento e a participação ativa durante as sessões presenciais.
- **Aprendizagem colaborativa e baseada em problemas e projetos** – desenhar e facilitar experiências de aprendizagem que promovam a colaboração, a resolução de problemas e o desenvolvimento do pensamento crítico, criando oportunidades para trabalho em equipe, discussões online, compartilhamento de recursos e feedback mútuo, com plataformas digitais e ferramentas que apoiem essas atividades.
- **Aprendizagem baseada em competências** – definir competências, desenhar experiências de aprendizagem que promovam o desenvolvimento e a aplicação de habilidades e criar avaliações que mensurem o domínio das competências pelos estudantes.
- **Aprendizagem baseada em jogos e gamificação** – adaptar as abordagens de design e entrega de cursos para aproveitar seus benefícios, selecionar e adaptar jogos educacionais adequados e criar atividades de gamificação envolventes.
- **Microaprendizagem e aprendizagem móvel** – criar módulos de aprendizagem curtos e de fácil assimilação, selecionar formatos multimídia e utilizar plataformas e aplicativos móveis para facilitar o acesso e a participação dos estudantes.
- **Aprendizagem imersiva** – selecionar conteúdos adequados, criar atividades interativas e adaptar estratégias de avaliação para acompanhar o desempenho dos alunos em situações imersivas, além de desenvolver habilidades na utilização de ferramentas e recursos específicos.

Para o **subsistema de suporte**, em cada abordagem inovadora, cabe à equipe:

- **Aprendizagem híbrida e sala de aula invertida** – fornecer assistência técnica, solucionar problemas relacionados à tecnologia e capacitar professores e alunos para utilizar efetivamente as tecnologias envolvidas.
- **Aprendizagem personalizada e adaptativa** – integrar tecnologias que permitam o monitoramento de cada estudante e forneçam suporte personalizado, como sistemas de gestão da aprendizagem, plataformas de tutoria ou ferramentas de comunicação online; orientar os alunos na navegação em suas jornadas de aprendizagem personalizadas, incluindo treinamento sobre o uso de insights baseados em dados.
- **Aprendizagem colaborativa e baseada em problemas e projetos** – fornecer orientação sobre trabalho em equipe, colaboração online e acesso e uso de recursos comunicacionais.
- **Aprendizagem baseada em competências** – oferecer orientação e apoio aos estudantes na definição de metas de aprendizado, gerenciamento do tempo e acesso a recursos relevantes para o desenvolvimento de suas competências.
- **Aprendizagem baseada em jogos e gamificação** – prover suporte técnico e treinamento para docentes e estudantes no uso efetivo das tecnologias, além de coletar dados relacionados ao desempenho dos alunos nesses contextos.
- **Microaprendizagem e aprendizagem móvel** – garantir o funcionamento adequado das plataformas e aplicativos móveis, oferecer suporte técnico para solucionar problemas relacionados à tecnologia e fornecer aos estudantes treinamento e suporte para o uso efetivo das ferramentas.
- **Aprendizagem imersiva** – auxiliar na configuração e manutenção das plataformas e ferramentas necessárias para a aprendizagem imersiva, garantindo a disponibilidade e funcionalidade adequadas, além de fornecer assistência técnica, solucionar problemas relacionados à tecnologia e treinar professores e estudantes para utilizar efetivamente as tecnologias imersivas.

Como se pode notar, a implementação bem-sucedida de abordagens educacionais inovadoras requer um esforço conjunto de todos os subsistemas da instituição educacional. O subsistema de gestão & administração deve estabelecer diretrizes e políticas adequadas, o subsistema de instrução deve adaptar suas práticas de ensino e o subsistema de suporte acadêmico deve fornecer o apoio necessário. Somente com uma abordagem abrangente e colaborativa é possível criar um ambiente de aprendizagem inovador e eficaz, que atenda às necessidades dos estudantes e promova seu desenvolvimento acadêmico e/ou profissional.

PARTE I As cinco dimensões da transformação digital na educação

4.4 AVALIAÇÃO DA EFETIVIDADE DE PRÁTICAS INOVADORAS DE ENSINO-APRENDIZAGEM

Avaliar a efetividade das estratégias de ensino-aprendizagem na TD é fundamental para que todas as partes envolvidas possam tomar decisões baseadas em dados, otimizar as abordagens adotadas e assegurar que os estudantes estejam se beneficiando delas.

Um aspecto importante é **definir objetivos claros e resultados desejados**. Os objetivos devem ser específicos, mensuráveis, alcançáveis, relevantes e baseados em prazos (SMART).[******] Ao estabelecê-los, é possível avaliar melhorias na retenção de conhecimentos, aumento do engajamento, taxas de conclusão mais altas ou desenvolvimento aprimorado de habilidades.

Também é essencial **identificar indicadores-chave de desempenho (KPIs)** alinhados aos objetivos e resultados. Os KPIs podem incluir medidas quantitativas, como notas em testes, taxas de conclusão de cursos ou tempo dedicado às atividades de aprendizagem.

Como vimos no Capítulo 1, alguns exemplos de KPIs são os índices de permanência e conclusão de cursos; tempo de conclusão (no caso de cursos autoguiados); níveis de engajamento dos estudantes (quanto tempo passam no curso, número de interações com os materiais e conclusão de atividades interativas); resultados de aprendizagem (por meio de questionários, testes e trabalhos) comparados com padrões de desempenho predefinidos; e satisfação do estudante com a experiência de aprendizagem.

Existem vários *frameworks* e diretrizes que expressam metodologias que ajudam a delinear os indicadores-chave de desempenho (KPIs) e métricas para avaliar a efetividade das estratégias digitais de ensino-aprendizagem. Eles oferecem uma abordagem estruturada para avaliar diversos aspectos do design do curso, engajamento dos alunos, qualidade instrucional e efetividade geral.

Quality Matters é um *framework* reconhecido internacionalmente para orientar a conformidade a padrões de qualidade de cursos online. Ele fornece um conjunto de critérios que abrangem diversos aspectos do design do curso, como visão geral e introdução, objetivos de aprendizagem, materiais instrucionais, engajamento dos alunos e avaliação.[12]

[******] A sigla SMART geralmente é atribuída a George T. Doran, consultor e ex-Diretor de Planejamento Corporativo da Washington Water Power Company que, em 1981, publicou o artigo "There's a S.M.A.R.T. way to write management's goals and objectives" [Existe uma maneira inteligente de redigir as metas e os objetivos da administração]. **Management Review**, v. 70, n. 11, p. 35-36, 1981. Em inglês, a sigla corresponde a Specific, Measurable, Assignable, Realistic e Time-related.

Vale lembrar que a **avaliação qualitativa** desempenha um papel crucial, uma vez que busca compreender a experiência do aluno e obter insights mais profundos sobre o impacto das estratégias. Isso porque técnicas de inteligência artificial avançadas permitem analisar dados não estruturados, como texto, áudio e vídeo, para obter informações significativas e revelar tendências e padrões.

O **processamento de linguagem natural** (NLP, Natural Language Processing), por exemplo, é utilizado para analisar feedbacks e avaliações dos estudantes em fóruns de discussão, redes sociais e outros espaços de comunicação digital. Ele pode analisar os sentimentos presentes nos comentários, levantar temas recorrentes e até mesmo fornecer uma visão mais detalhada das percepções dos estudantes sobre a experiência de aprendizagem.

A **coleta de dados** é fundamental para avaliar a eficácia das estratégias, e pode ser executada a partir de avaliações pré e pós-aprendizagem, pesquisas com os estudantes, grupos focais ou análise de informações do sistema de gestão de aprendizagem (LMS). É importante coletar dados de uma amostra representativa de estudantes e estabelecer uma linha de base para comparação.

Analisar e interpretar os dados coletados usando métodos e ferramentas estatísticas permite identificar padrões, tendências e correlações que revelam a eficácia das estratégias utilizadas. Os resultados são interpretados à luz dos objetivos e resultados, considerando fatores contextuais – conhecimento prévio dos estudantes, preferências de aprendizagem, acesso à tecnologia e recursos de suporte disponíveis – e limitações das fontes de dados.

Insights valiosos são obtidos a partir de **comparações de resultados e engajamento** entre estudantes que participaram das estratégias de ensino-aprendizagem digital e aqueles que não participaram ou utilizaram estratégias alternativas. Essas confrontações ajudam a determinar a eficácia relativa das estratégias digitais e a identificar áreas de melhoria.

Por fim, **compartilhar os resultados** da avaliação com educadores, gestores e estudantes e solicitar que deem um retorno fomenta uma cultura de colaboração e melhoria contínua. Esse feedback pode ajudar a refinar as abordagens adotadas e planejar intervenções futuras.

De modo mais específico, essas formas de avaliação da efetividade das práticas educacionais impactam os diferentes subsistemas institucionais, os quais têm as responsabilidades descritas a seguir.

A equipe do **subsistema de gestão & administração** é responsável por:

- desenvolver *frameworks* e diretrizes de avaliação que definem os indicadores-chave de desempenho (KPIs) e as métricas a serem utilizadas na avaliação da efetividade das estratégias digitais de ensino-aprendizagem, proporcionando uma abordagem estruturada para a avaliação e buscando a consistência entre diferentes iniciativas;

- alocar recursos, tanto financeiros quanto humanos, para apoiar o processo de avaliação, incluindo financiamento, investimento em infraestrutura tecnológica para coleta e análise de dados e atribuição de pessoal ou equipes;
- monitorar o progresso e os resultados das estratégias digitais de ensino-aprendizagem por meio da coleta e análise de dados, identificação de tendências e padrões e elaboração de relatórios para as partes interessadas, como alta administração, corpo docente e equipe de suporte.

Docentes e designers instrucionais do **subsistema de instrução** são responsáveis por:

- desenhar métodos de avaliação alinhados com os resultados de aprendizagem e as estratégias digitais de ensino-aprendizagem, incluindo abordagens qualitativas e quantitativas como pesquisas, entrevistas, observações e avaliações de desempenho;
- analisar o desempenho dos estudantes, por meio de índices de conclusão, notas de testes ou envio de trabalhos, a fim de obter insights sobre a efetividade de estratégias específicas e áreas de melhoria;
- avaliar a satisfação, o engajamento e a percepção dos estudantes quanto aos resultados de aprendizagem por meio de pesquisas, grupos focais ou plataformas online em que os estudantes registram suas opiniões e reflexões.

A equipe do **subsistema de suporte** é responsável por:

- fornecer aos educadores suporte técnico e pedagógico contínuo no uso de ferramentas digitais e na implementação de estratégias inovadoras, por meio de sessões de capacitação, oficinas e consultas individuais, para abordar quaisquer desafios ou dúvidas relacionados às estratégias;
- auxiliar na coleta e análise de dados relacionados ao desempenho, engajamento e feedback dos estuantes;
- oferecer feedback contínuo aos educadores, com base nos resultados da avaliação, para refinar as estratégias, adaptar os materiais instrucionais e aprimorar a efetividade geral das iniciativas de ensino-aprendizagem digitais.

Em resumo, a responsabilidade de avaliar a efetividade de estratégias inovadoras de ensino-aprendizagem no contexto da transformação digital é distribuída entre os três subsistemas. O subsistema de gestão & administração estabelece os *frameworks* de avaliação e fornece recursos; o subsistema de instrução projeta métodos de avaliação e coleta feedback dos estudantes; e o subsistema de suporte oferece apoio técnico e administrativo, além de auxiliar na coleta e análise de dados. A colaboração entre eles é fundamental para um processo abrangente de avaliação e aprimoramento contínuo das estratégias digitais de ensino-aprendizagem.

CONSIDERAÇÕES FINAIS

Discutimos inovações nas práticas de ensino-aprendizagem propiciadas pela TD relacionadas a uma variedade de abordagens, como aprendizagem híbrida, personalizada, colaborativa, baseada em jogos e gamificação, microaprendizagem, aprendizagem móvel e imersiva.

Examinamos as implicações dessas abordagens para os subsistemas institucionais e as responsabilidades de gestores, educadores e equipe de suporte, destacando a importância de avaliar a efetividade das estratégias por meio de objetivos e indicadores-chave de desempenho.

Neste ponto, convém lembrar que as tecnologias são habilitadoras da transformação no ensino-aprendizagem, e o Capítulo 5 aprofunda a discussão sobre como os recursos tecnológicos podem ser empregados para viabilizar as estratégias apresentadas neste capítulo.

À medida que prosseguem na jornada de TD, é fundamental que as instituições educacionais continuem a refletir, avaliar e adaptar suas abordagens de forma que as tecnologias sejam utilizadas de forma significativa e eficaz, em benefício dos estudantes e de seu desenvolvimento.

Referências

[1] A esse respeito, ver FILATRO, A.; CAVALCANTI, C. C. **Metodologias inov-ativas na educação.** 2. ed. São Paulo: Saraiva, 2023. E também FILATRO, A.; LOUREIRO, A. C. **Novos produtos e serviços na Educação 5.0.** São Paulo: Artesanato Educacional, 2022.

[2] Para mais informações, ver RAES, A.; DETIENNE, L.; WINDEY, I. *et al.* A systematic literature review on synchronous hybrid learning: gaps identified. **Learning Environ Res**, v. 23, p. 269-290, 2020. Disponível em: https://www.researchgate.net/publication/337618381_A_systematic_literature_review_on_synchronous_hybrid_learning_gaps_identified. Acesso em: 12 jul. 2023. No Brasil, ver BACICH, L.; MORAN, J. M. Aprender e ensinar com foco na educação híbrida. **Revista Pátio**, n. 25, jun. 2015. p. 45-47. Disponível em: https://www.aprendizagemconectada.mt.gov.br/documents/14069491/14102218/Semana2.Texto.Educa%C3%A7%C3%A3oHibrida.MORAN%26BACICH.pdf/39290c53-a374-c220-5ba5-6e6913decc56. Acesso em: 14 jul. 2023.

[3] Para um resumo das descobertas de mais de trezentos estudos publicados sobre sala de aula invertida, ver ROEHLING, P.; BREDOW, C. Flipped learning: what is it, and when is it effective? **Brookings**, September 28, 2021. Disponível em: https://www.brookings.edu/articles/flipped-learning-what-is-it-and-when-is-it-effective/. Acesso em: 13 jul. 2023.

PARTE I As cinco dimensões da transformação digital na educação

[4] A esse respeito, ver FILATRO, A. **Data Science na educação.** São Paulo: Saraiva, 2021. Capítulo 1 disponível em: https://www.researchgate.net/publication/363512577_Data_science_in_education/stats. Acesso em: 19 jul. 2023.

[5] KNOWLES, M. *et al.* **The adult learner:** the definitive classic in adult education and human resource development. 5th ed. Houston, Texas: Gulf Publishing Company, 1998.

[6] HASE, S.; KENYON, C. **From andragogy to heutagogy.** Adelaide, Australia: Southern Croes University, 2000. Disponível em: https://www.researchgate.net/publication/301339522_From_andragogy_to_heutagogy. Acesso em: 12 jul. 2023.

[7] SMITH, B. L.; MACGREGOR, J. **Collaborative learning:** a sourcebook for higher education. University Park, PA: National Center on Postsecondary Teaching, Learning, and Assessment (NCTLA), p. 9-22, 1992. Disponível em: https://www.evergreen.edu/sites/default/files/facultydevelopment/docs/WhatisCollaborativeLearning.pdf. Acesso em: 11 jul. 2023.

[8] WHAT IS COMPETENCY-BASED LEARNING? *In:* BATES, A. W. (Tony). **Teaching in a digital age:** guidelines for designing teaching and learning. 3rd ed. Pressbook, 2022. Disponível em: https://pressbooks.pub/teachinginadigitalagev3m/chapter/6-6-competency-based-learning/. Acesso em: 17 jul. 2023. Em português, ver BATES, A. W. (Tony). **Educar na era digital:** design, ensino-aprendizagem. São Paulo: Artesanato/ABED, 2017. Disponível em: http://www.abed.org.br/arquivos/Educar_na_Era_Digital.pdf. Acesso em: 17 jul. 2023.

[9] Ver PRENSKY, M. The Digital Game-Based Learning Revolution: Fun at Last. *In:* **Digital Game-Based Learning**. McGraw-Hill, 2001. Disponível em: http://www.marcprensky.com/writing/Prensky%20-%20Ch1-Digital%20Game-Based%20Learning.pdf. Acesso em: 16 jul. 2023.

[10] Para mais informações, ver KOUTROPOULOS, A.; PORTER, G. **Gamification in Education.** July 2020. Disponível em: https://www.researchgate.net/publication/343341464_Gamification_in_Education. Acesso em 18 jul. 2023.

[11] Para uma visão geral, ver SALA, N. Virtual reality, augmented reality, and mixed reality in education: a brief overview. *In:* CHOI, D. H.; DAILEY-HEBERT, A.; SIMMONS, J. **Current and prospective applications of virtual reality in higher education.** IDI Global, January 2021. Disponível em: https://www.researchgate.net/publication/351365924_Virtual_Reality_Augmented_Reality_and_Mixed_Reality_in_Education_A_Brief_Overview. Acesso em: 19 jul. 2022. No Brasil, ver TORI, R.; HOUNSELL, M. S. (org.) **Introdução à realidade virtual e aumentada.** 3. ed. (Pré-Simpósio SVR 2020). Porto Alegre: Sociedade Brasileira de Computação — SBC, 2020. Disponível em: https://sol.sbc.org.br/livros/index.php/sbc/catalog/book/66. Acesso em: 19 jul. 2020.

[12] Ver as rubricas e padrões descritos em https://www.qualitymatters.org/qa-resources/rubric-standards. Acesso em: 19 jul. 2023.

CAPÍTULO 5
A DIMENSÃO TECNOLÓGICA
O FATOR ACELERADOR DA TRANSFORMAÇÃO NA EDUCAÇÃO

Imagem criada com Microsoft Bing Image Creator em 09-10-2023.

É desnecessário destacar que o ritmo das inovações tecnológicas está cada vez mais acelerado, proporcionando novas oportunidades para aprimorar o ensino, a aprendizagem e as operações em geral das instituições educacionais. Este capítulo explora a dimensão tecnológica da transformação digital na educação contemporânea. Examinamos tanto as plataformas educacionais bem estabelecidas, que se tornaram comuns na educação contemporânea, quanto as tecnologias de ponta emergentes, que têm um potencial ainda mais transformador.

No que tange às chamadas tecnologias emergentes, mesmo sob o risco de tornar datados este capítulo e todo o livro, optamos por referenciar algumas plataformas e ferramentas que ajudam a traçar o quadro da inovação em curso e dos desafios futuros. De fato, à medida que essas poderosas tecnologias se tornam dominantes, surgem novas possibilidades, mas também riscos relacionados à privacidade de dados e à segurança, bem como implicações éticas. O capítulo conclui destacando a necessidade de uma abordagem ponderada e responsável, que aproveita o potencial das tecnologias ao mesmo tempo que protege o bem-estar de alunos, professores e demais envolvidos.

O QUE ESPERAR DESTE CAPÍTULO

Este capítulo fornece uma visão abrangente do cenário tecnológico que possibilita a transformação digital da educação no século XXI.

Na primeira seção, exploramos a abordagem clássica da tecnologia educacional – algo que poderíamos relacionar à primeira onda da TD (conforme a Introdução). Aqui estão incluídos os sistemas de gerenciamento de aprendizagem (LMSs), as plataformas de experiência da aprendizagem (LXPs), as ferramentas de aprendizagem social e gamificação, além das de autoria, para a criação de conteúdos educacionais. Essas tecnologias focam a entrega de instrução formal, incentivando a colaboração e aumentando o envolvimento dos alunos por meio de soluções semelhantes a jogos. Elas formam uma base fundamental para o gerenciamento das interações de aprendizagem digital.

Em seguida, aprofundamos nossa compreensão sobre um conjunto de tecnologias emergentes que refletem a segunda onda da TD impulsionadas por inteligência artificial, realidades virtual e aumentada, metaverso, Internet das Coisas, blockchain, pelas redes 5G e muito mais. Essa nova onda de inovação ultrapassa os limites da aprendizagem personalizada, imersiva e conectada. Por essa razão, analisamos aplicações específicas dessas tecnologias nos principais subsistemas institucionais – administração, instrução e suporte.

5.1 O PAPEL DA TECNOLOGIA NA TRANSFORMAÇÃO DIGITAL DA EDUCAÇÃO

A transformação digital da educação traz em seu bojo uma rápida e diversificada gama de inovações tecnológicas, com potencial para remodelar o cenário educacional de maneira profunda. A convergência de tecnologias emergentes, como a inteligência artificial (IA), o *big data analytics*, o blockchain, a tecnologia 5G e as realidades virtual e aumentada (RV/RA), vem acelerando o ritmo das mudanças e impulsionando a educação para uma nova era de possibilidades.

A velocidade da inovação tecnológica na educação não tem precedentes. Ferramentas movidas por IA surgiram como uma força transformadora, oferecendo experiências de aprendizagem personalizadas e avaliações adaptativas que atendem às necessidades e habilidades individuais dos estudantes. Sistemas inteligentes de tutoria, avaliação automatizada de ensaios e análise preditiva permitem que educadores obtenham insights sobre o desempenho e o envolvimento dos estudantes, facilitando a tomada de decisões baseadas em dados.

Além disso, a tecnologia 5G abre novas possibilidades para conectividade contínua e em tempo real, permitindo que estudantes e docentes acessem recursos educacionais e colaborem a distância com uma velocidade e confiabilidade nunca vistas. Tecnologias de realidade virtual e aumentada revolucionam a forma como os alunos aprendem, viabilizando experiências imersivas e interativas que transcendem as fronteiras da sala de aula tradicional.

A diversidade da inovação tecnológica na educação é igualmente notável. De plataformas descentralizadas de compartilhamento de conteúdo usando a tecnologia blockchain para apoiar micropagamentos e incentivos a ferramentas de autoria baseadas na nuvem que capacitam educadores a criar conteúdo envolvente e contextualizado, a gama de possibilidades é vasta. Tutores virtuais movidos por IA e fones de ouvido com tradução de idiomas podem romper barreiras linguísticas, fomentando globalmente a colaboração e a aprendizagem.

A adoção de inovações tecnológicas na educação desempenha um papel fundamental no processo de transformação digital. Enquanto sua velocidade e diversidade oferecem imensas possibilidades, sua integração bem-sucedida nas instituições educacionais muitas vezes requer planejamento cuidadoso, treinamento e suporte para educadores e estudantes. O desafio está em assegurar que

PARTE I As cinco dimensões da transformação digital na educação

essas inovações estejam alinhadas com as necessidades e objetivos específicos de cada contexto educacional.

As instituições educacionais devem considerar não apenas os aspectos tecnológicos, mas também as implicações pedagógicas, andragógicas e heutagógicas das inovações em tecnologia, sem mencionar as questões relacionadas aos subsistemas de gestão & administração e suporte. Os educadores devem encontrar um equilíbrio entre abordagens tecnológicas e métodos de ensino tradicionais, sendo que a integração da tecnologia deve aprimorar, em vez de substituir, as interações humanas no processo de aprendizagem.

Além disso, é importante considerar que o mercado de soluções educacionais desempenha um papel significativo na difusão das inovações. As empresas de tecnologia educacional são impulsionadas por interesses comerciais para promover seus produtos como soluções transformadoras que revolucionam a forma de aprender e ensinar. Cabe aos líderes das instituições cultivar a cautela e avaliar criticamente as promessas de venda dos fornecedores para garantir que as tecnologias selecionadas estejam alinhadas com seus valores, objetivos e filosofia educacional.

A finalidade da educação deve permanecer no centro dos esforços de TD. A tecnologia não pode ser vista como um fim em si mesma, mas como um meio para alcançar os objetivos mais amplos do ensino: formar cidadãos capazes de exercer seu pleno potencial na vida em sociedade e preparar profissionais para atuarem com proficiência no ambiente de trabalho.

5.2 PRIMEIRA ONDA DE TECNOLOGIAS EDUCACIONAIS

Iniciamos a dimensão tecnológica examinando a primeira onda de plataformas e ferramentas educacionais, há algum tempo utilizadas em instituições de ensino, especialmente nas ações de educação a distância.

É o caso dos sistemas de gerenciamento da aprendizagem (Learning Management Systems – LMSs), que se concentram em experiências de aprendizagem estruturadas e instrução formal, permitindo que tarefas sejam concluídas em uma sequência predefinida com prazos determinados; e o das plataformas de experiências de aprendizagem (Learning Experience Platforms – LXPs), que agregam conteúdo de diversas fontes, inclusive desenvolvido internamente, e possibilitam a criação de trajetórias de aprendizado personalizadas conforme avaliam as habilidades dos estudantes.

Além disso, também consideramos um conjunto de ferramentas de aprendizagem social que permitem que as pessoas aprendam umas com as outras por meio de atividades colaborativas e tratamos da gamificação, que envolve a incorporação de elementos de jogos em contextos não lúdicos para aumentar o engajamento e a motivação dos alunos.

5.2.1 Learning Management Systems (LMSs)

Os **Learning Management Systems (LMSs)**, ou sistemas de gerenciamento de aprendizado, têm a função de gerenciar as interações dos aprendizes em uma situação didática específica (um curso, programa ou evento instrucional). Geralmente, eles fornecem um catálogo de cursos nos quais os estudantes são matriculados por um período limitado, com tarefas a serem concluídas em uma sequência e um prazo estimado predefinidos. Esses sistemas concentram-se na aprendizagem conforme é tradicionalmente definida – um grupo de alunos estudando sob a supervisão de um professor –, mas também suportam programas de autoestudo, nos quais os aprendizes acessam individualmente, em seu próprio ritmo, uma série de conteúdos e atividades.

Basicamente, os LMSs se concentram em três grupos de funcionalidades:

- **administrativas** – matrícula e gerenciamento de usuários em cursos e programas, gerenciamento de funções e permissões, configuração de datas e de idioma e emissão de certificados;
- **pedagógicas** – entrega de conteúdo em diversos formatos, programação, monitoramento e acompanhamento de tarefas, conclusão e envio de atividades e avaliações de aprendizagem, registro de presença e notas;
- **de comunicação** – serviços de mensagens um-para-um, um-para-muitos e muitos-para-muitos, tanto assíncronos (e-mail, fórum, wiki) quanto síncronos (mensagens instantâneas / telepresença, videoconferência).

Os LMSs mais conhecidos são o Moodle (de código aberto e gratuito), o Blackboard, o Desire2Learning e o Canvas Instructure, amplamente utilizados em ambientes educacionais, além de Adobe Captivate, TalentLMS, Docebo, 360Learning, Saba e iSpring Learn, entre outros, mais comumente usados no contexto corporativo.

5.2.2 Learning Experience Platforms (LXPs)

As **Learning Experience Platforms (LXPs)**, ou plataformas de experiência de aprendizado, representam uma evolução dos sistemas de suporte à aprendizagem digital ao oferecer mais que um catálogo de cursos. Esses sistemas agregam conteúdo de qualquer fonte, inclusive desenvolvido internamente, permitem a criação de trajetórias de aprendizagem e avaliam as habilidades das pessoas com base em suas experiências de aprendizagem, sejam elas formais ou informais.

PARTE I As cinco dimensões da transformação digital na educação

As LXPs se adaptam especialmente bem ao contexto corporativo, particularmente organizações abertas a mudanças e à inovação, por serem plataformas abertas que permitem aos usuários acessarem os recursos de aprendizagem no momento em que precisam (aprendizagem sob demanda), com base em suas preferências, interesses ou descobertas. A maioria das LXPs também utiliza inteligência artificial para fornecer recomendações personalizadas.

Basicamente, as LXPs incluem:

- sistemas de recomendação baseados em algoritmos que consideram lacunas de competência e variáveis de perfil ou desempenho;
- recursos de mídia social, como curtidas, comentários e compartilhamento;
- marcação de recursos e experiências de aprendizagem com base em palavras-chave ou modelos de competência/habilidade;
- trajetórias de aprendizagem personalizadas;
- captura de atividades de aprendizagem informais (conversas com gerentes ou colegas, reuniões de trabalho, leitura de artigos, acesso a vídeos, projetos profissionais, visitas técnicas etc.) por meio do padrão xAPI (Experience API).

Exemplos de LXPs incluem: Edcast, Degreed, Valamis, 360Learning, Cornerstone e Canvas by Instructure, entre outros.

5.2.3 Ferramentas de suporte à aprendizagem social

A **aprendizagem social** pressupõe que as pessoas adquirem conhecimento ao interagir umas com as outras. Nas plataformas educacionais, isso se traduz em funcionalidades que permitem atividades colaborativas. Isso pode ocorrer com serviços de comunicação assíncrona, como e-mail, fóruns de discussão e interfaces colaborativas no estilo wiki, ou de forma síncrona, por meio de mensagens instantâneas, telepresença e videoconferência.

De fato, a transmissão de palestras, oficinas e aulas ao vivo intensificou-se com o isolamento social devido à pandemia de covid-19. Plataformas de reunião online como Zoom, Microsoft Teams e Google Meets se expandiram para incluir o formato de webinar, que se tornou rotineiro no conjunto de soluções educacionais.

Recursos como compartilhamento de tela, agrupamento de participantes em salas de trabalho simultâneas e a realização de enquetes em tempo real tornam as sessões mais interativas e justificam a reunião de pessoas em um espaço digital no mesmo momento. Além disso, muitas plataformas permitem que as sessões sejam gravadas para reprodução sob demanda no futuro.

Alguns LMSs e LXPs têm sistemas integrados para gerenciar sessões síncronas, incorporando experiências educacionais ao mesmo tempo que outras ações realizadas nesses ambientes.

5.2.4 Ferramentas de gamificação

Como vimos no Capítulo 4, a **gamificação** refere-se à integração de elementos de jogos em contextos não lúdicos. No contexto educacional, é uma abordagem popular para envolver os estudantes que incorpora, em ambientes de aprendizagem, elementos de jogos – atribuição de distintivos, exibição de feedback imediato e publicação de listas de classificação.

Há várias ferramentas disponíveis para gamificação na educação, como Socrative, Course Hero, Blooket, Quizizz e Edupulses, entre outras.

O Duolingo é um serviço gratuito com mais de 80 milhões de alunos ao redor do mundo que gamifica o processo de aprendizagem e ensino de idiomas online. Criada em 2011, em 2023 a plataforma oferecia aprendizagem gamificada em mais de quarenta idiomas: espanhol, francês, alemão, italiano, português, russo, chinês, japonês, coreano, árabe, turco, hindi, hebraico, entre outros. Sua abordagem gamificada incorpora traduções, exercícios interativos, questionários e histórias para tornar a aprendizagem mais envolvente e divertida.[1]

Alguns recursos de gamificação são integrados aos LMSs, mas ainda em estágios iniciais e isolados de outras ferramentas, como é o caso do Gerenciador de Emblemas do Moodle. Em geral, as LXPs desde o início são orientadas a dados e usam recursos de gamificação para que o desempenho dos aprendizes seja explícito por meio de pontuação, bônus e certificação, como é o caso do Degreed e do Valamis.

5.2.5 Ferramentas de autoria

As **ferramentas de autoria** são aplicativos de software que permitem aos usuários criar e publicar conteúdo de aprendizagem digital – cursos online, apresentações, questionários e outros materiais interativos e envolventes – sem a necessidade de habilidades avançadas de programação. Elas oferecem modelos pré-programados que possibilitam que qualquer pessoa desenvolva conteúdo de aprendizagem de qualidade profissional integrando vários elementos multimídia, como vídeos, áudio, imagens e animações, tornando-o mais dinâmico e atraente para os alunos.

Essas ferramentas evoluíram ao longo dos anos, passando de softwares tradicionais em desktop para soluções baseadas em nuvem, possibilitando o trabalho síncrono em equipe. Além disso, oferecem uma ampla gama de formatos de saída, adaptabilidade crucial em uma era na qual os estudantes acessam

PARTE I As cinco dimensões da transformação digital na educação

materiais didáticos em diferentes dispositivos (computadores, tablets e smart-phones). Com elas, os educadores podem criar o conteúdo uma só vez e entre-gá-lo de maneira eficiente em diferentes dispositivos e tamanhos de tela.

Uma vantagem significativa das ferramentas de autoria é sua conformidade com padrões de *e-learning* como o SCORM (Sharable Content Object Reference Model, Modelo de Referência de Objeto de Conteúdo Compartilhável) e o xAPI (API de experiência). Esses padrões garantem a interoperabilidade com os LMSs e as LXPs, permitindo a integração perfeita do conteúdo nas infraestruturas educacionais existentes.

Ferramentas de autoria independentes, como Adobe Captivate, Elucidat, Cam-tasia, Lectora Online, Gomo, Easygenerator, dominKnow e H5P, entre outras, geralmente são mais especializadas e operadas por designers instrucionais ou web designers. A maioria delas permite a importação de conteúdo para edição posterior em formatos populares, como slides PPT, como é o caso do Articulate 360 e do iSpring Suite.

Atualmente, vários LMSs e LXPs oferecem ferramentas de autoria integradas que podem ser usadas praticamente por qualquer pessoa com um mínimo de fluência digital. E, conforme as tecnologias continuam a amadurecer, podemos esperar cada vez mais ferramentas de autoria educacional utilizando inteligên-cia artificial generativa para automatizar a criação de conteúdo, aprimorar a personalização e fornecer experiências de aprendizagem inovadoras.[*]

5.3 SEGUNDA ONDA DE TECNOLOGIAS EDUCACIONAIS

Nesta seção, direcionamos nossa atenção para as ferramentas emergentes que têm potencial para transformar a educação contemporânea. Essas tecnologias de ponta formam o alicerce da Quarta Revolução Industrial e são fundamentais para a segunda onda de TD no setor educacional.

5.3.1 Big Data Analytics e computação em nuvem

Big Data Analytics se refere aos processos e técnicas utilizados para examinar e obter insights a partir de grandes conjuntos de dados. No contexto da TD na educação, a análise de dados em grande escala permite que as instituições de ensino reúnam informações sobre o desempenho e as preferências dos alunos e informem o design instrucional de experiências de aprendizagem mais efetivas.

De fato, o campo da análise de dados avançou a ponto de ser subdividido em três áreas principais com base em seu foco, papéis e ferramentas:[2]

---

[*] A esse respeito, ver mais na seção 5.3.3, sobre ferramentas de IA generativa.

- **Learning analytics** – refere-se à análise de dados sobre os processos e resultados de aprendizagem dos alunos para entender e otimizar o design instrucional, as práticas de ensino e o ambiente de aprendizado. Seu foco está no nível micro de alunos e turmas individuais. As fontes de dados incluem LMSs e LXPs, avaliações online, tarefas, fóruns de discussão, entre outras. Os insights podem ajudar os educadores a identificarem precocemente alunos com dificuldades, melhorar os materiais didáticos e adaptar os percursos de aprendizagem.
- **Academic** ou **institutional analytics** – diz respeito a uma visão institucional mais ampla, agregando e analisando dados relacionados a programas, escolas, departamentos ou universidades. Eles podem incluir taxas de conclusão, retenção, demografia, avaliações de cursos, produtividade do corpo docente e informações financeiras. Seu objetivo é subsidiar a tomada de decisões, o planejamento e as iniciativas estratégicas.
- **Learner analytics** – concentra-se nas características e padrões de cada aluno para criar experiências de aprendizagem personalizadas e adaptativas. Os dados coletados abrangem habilidades cognitivas, motivação, engajamento, conhecimentos prévios, concepções errôneas, conectividade social e outros. Algoritmos avançados processam esses dados para criar um perfil holístico do estudante e um modelo para se adaptar às suas necessidades únicas. Seu foco é a personalização e otimização do ensino.

Computação em nuvem, por sua vez, refere-se à oferta de serviços de computação – servidores, armazenamento, bancos de dados, redes, software, análises e muito mais – pela internet. No contexto educacional, permite que as instituições de ensino façam a transição de uma infraestrutura de TI tradicional local para um modelo mais flexível e escalável. Isso possibilita que as elas ampliem sua tecnologia conforme necessário, pagando apenas pelo que usam.

A análise de dados está intimamente relacionada à computação em nuvem, que fornece recursos escaláveis, flexíveis, econômicos e seguros para armazenar, processar e analisar grandes volumes de dados em aplicativos de Big Data Analytics.

De forma mais específica, é responsabilidade da equipe do **subsistema de gestão & administração**:

- coletar e integrar dados de diversas fontes, incluindo LMSs, avaliações online, tarefas, fóruns de discussão etc., para apoiar iniciativas de *learning analytics*;
- assegurar a disponibilidade e a segurança da infraestrutura e plataformas de dados para a realização de análise e relatórios;

PARTE I As cinco dimensões da transformação digital na educação

- colaborar com as partes interessadas para definir estratégias de coleta e análise de dados e métricas com foco nos dados em nível institucional, como taxas de conclusão, retenção, demografia, avaliações de cursos, produtividade do corpo docente e informações financeiras;
- utilizar insights de *learning analytics* e *academic analytics* para orientar a tomada de decisões, o planejamento estratégico, a alocação de recursos e outros processos administrativos;
- implementar políticas de governança e privacidade de dados para garantir sua transparência, segurança e uso ético.

É responsabilidade do corpo docente e do designer instrucional, no **subsistema de instrução**:

- incorporar insights do *learning analytics* ao design instrucional, a práticas de ensino e ao ambiente de aprendizagem para melhorar o engajamento discente, identificar alunos com dificuldades e melhorar os materiais didáticos;
- alavancar o *learning analytics* para identificar as tendências de matrícula, prever o sucesso dos alunos e adaptar a instrução de modo a atender às necessidades dos diversos estudantes;
- utilizar o *learner analytics* para personalizar e otimizar o processo de aprendizagem, adaptando estratégias e conteúdo instrucionais às características e padrões individuais do aluno;
- integrar ferramentas e tecnologias de análise em práticas de ensino para facilitar a tomada de decisões baseada em dados e melhorar os resultados de aprendizagem;
- colaborar com administradores e equipes de suporte para alinhar objetivos instrucionais e institucionais com base em insights obtidos a partir da análise de dados.

E é responsabilidade da equipe do **subsistema de suporte**:

- fornecer suporte técnico e expertise para a coleta, integração e análise de dados no contexto de *learning analytics*, *academic analytics* e *learner analytics*;
- ajudar administradores e instrutores na interpretação e utilização de insights de análise para melhorar as práticas de ensino e aprendizagem;
- colaborar com administradores e instrutores para identificar fontes de dados apropriadas e desenvolver protocolos de coleta de dados alinhados com os objetivos de análise;
- suportar a implementação e utilização de ferramentas e tecnologias de análise, incluindo sistemas de visualização e relatórios de dados;

- promover a alfabetização de dados e oportunidades de desenvolvimento profissional relacionadas a *learning analytics, academic analytics* e *learner analytics.*

É importante notar que os papéis e responsabilidades em cada subsistema podem variar dependendo da instituição educacional e de sua estrutura organizacional.

A integração do Big Data Analytics e da computação em nuvem pode melhorar significativamente as capacidades e a eficácia dos subsistemas de gestão & administração, instrução e suporte; no entanto, esses benefícios são acompanhados de desafios: a privacidade e a segurança de dados devem ser priorizadas para proteger informações sensíveis; a literacia digital e o treinamento são essenciais para utilizar efetivamente essas tecnologias; a integração e a interoperabilidade de sistemas podem se mostrar complexas; e o uso ético de dados deve ser garantido.

Para a adoção eficiente da computação em nuvem, é necessário locar recursos adequados; a acessibilidade e a inclusão devem ser consideradas para atender os diferentes alunos; a gestão de mudanças é vital para uma transição bem-sucedida; a governança de dados e a conformidade devem ser implementadas, garantindo transparência e uso ético de dados.

Além disso, habilidades de análise e interpretação de dados são cruciais na obtenção de insights significativos. Em suma, enfrentar esses desafios é essencial para aproveitar o potencial do Big Data Analytics e da computação em nuvem no impulsionamento da inovação e da melhoria na educação contemporânea.

5.3.2 Ferramentas impulsionadas por IA – Parte 1

Inteligência artificial refere-se a sistemas ou máquinas capazes de executar tarefas que geralmente exigem inteligência humana, como percepção visual, reconhecimento de fala, tomada de decisão e tradução de idiomas. A IA abrange uma variedade de técnicas e algoritmos, como aprendizagem de máquina, aprendizado profundo, processamento de linguagem natural, visão computacional e robótica.

De forma geral, a IA vem sendo aproveitada na educação para automatizar processos administrativos, fornecer aprendizagem adaptativa e personalizada e aplicar análise de dados para melhorar os resultados e experiências dos alunos. Conforme a tecnologia avança, espera-se que a IA transforme o ensino e a aprendizagem nos seguintes aspectos:

PARTE I As cinco dimensões da transformação digital na educação

- **Sistemas de tutoria inteligente** – programas de computador que oferecem aprendizagem personalizada e feedback aos alunos, adaptando-se a suas necessidades e ritmo.
- **Plataformas de aprendizagem adaptativa** – sistemas de aprendizagem online que adaptam o conteúdo educacional, as atividades e as avaliações a cada alunos usando IA.
- **Facilitadores virtuais** – avatares impulsionados por IA que atuam como tutores, mentores ou facilitadores para envolver os alunos na aprendizagem online.
- **Correção automática de redações** – técnicas de IA usadas para avaliar e fornecer feedback sobre trabalhos escritos enviados pelos alunos.
- **Análise preditiva** – utilização da IA para analisar dados dos alunos e prever resultados como desempenho, engajamento e risco de abandono.
- **Aprendizagem personalizada** – a IA pode analisar vastas quantidades de dados e criar caminhos de aprendizagem adaptados a necessidades individuais, interesses e estilos de cada aluno.
- **Operações inteligentes no campus** – aplicação da IA para otimizar operações no campus, como agendamento, administração, manutenção etc.
- **Chatbots** – agentes de conversação impulsionados por IA que podem responder a perguntas de alunos e professores ou ajudar em tarefas do campus.

A integração de ferramentas impulsionadas por IA pode trazer benefícios significativos para os três subsistemas da educação, como mostrado a seguir.

No **subsistema de gestão & administração**, a IA pode revolucionar processos e a tomada de decisões:

- A IA permite a análise de grandes volumes de dados, fornecendo insights valiosos para os administradores otimizarem a alocação de recursos, identificarem áreas de melhoria e aprimorarem o planejamento estratégico.
- A IA pode automatizar tarefas administrativas, como agendamento, matrícula e gerenciamento de dados, liberando tempo para os administradores se concentrarem em atividades estratégicas.
- Chatbots movidos a IA podem fornecer suporte personalizado eficiente a alunos e funcionários, respondendo a perguntas comuns e abordando preocupações prontamente.

No **subsistema de instrução**, a IA pode aprimorar as experiências: plataformas de aprendizagem adaptativa alimentadas por IA criam caminhos de aprendizagem personalizados para os alunos, adaptando conteúdo, ritmo e avaliação às necessidades individuais.

- A IA é capaz de fornecer feedback em tempo real aos alunos, auxiliando na compreensão e domínio de conceitos. Além disso, assistentes virtuais e sistemas de tutoria inteligente movidos por IA podem apoiar os professores na elaboração e entrega de planos de aula personalizados, promovendo salas de aula mais interativas e envolventes.
- Mais especificamente, a IA pode ajudar professores e designers instrucionais na criação e oferta de planos de aula personalizados, fornecer feedback em tempo real e automatizar tarefas administrativas, como avaliação. Assim os professores têm mais tempo para fornecer instrução de alta qualidade e suporte individualizado aos alunos, melhorando a qualidade geral do ensino e da avaliação.
- A IA pode ajudar na criação de conteúdo educacional ao gerar simulações interativas, laboratórios virtuais e livros didáticos digitais,[**] fornecendo aos educadores acesso a uma ampla variedade de recursos educacionais de qualidade, atualizados e envolventes com o intuito de aprimorar a experiência de aprendizagem dos alunos.
- Ferramentas de avaliação e pontuação automatizadas reduzem o tempo e o esforço dos professores ao corrigir automaticamente tarefas, provas e avaliações.[***] Também podem fornecer feedback instantâneo aos alunos, permitindo que acompanhem seu progresso e áreas de melhoria.

No **subsistema de suporte**, a IA pode fornecer assistência valiosa a alunos com diferentes necessidades de aprendizagem:

- Ferramentas impulsionadas por IA podem personalizar o suporte para alunos com necessidades especiais, oferecendo programas de aprendizagem adaptativos, reconhecimento de fala e experiências de realidade virtual. Ao criar ambientes de aprendizagem inclusivos e acessíveis, elas possibilitam uma educação inclusiva e acessível para todos os alunos, independentemente de suas habilidades ou deficiências.

[**] Um exemplo é o Synthesia (https://www.synthesia.io/), um software de criação de vídeos com IA que permite aos usuários criar vídeos sintéticos realistas usando vozes e imagens geradas por computador.

[***] Uma delas é a Turnitin (https://www.turnitin.com/stories/online-assessment-working-for-students-and-tutors-2), que, embora mais conhecida por suas funções de verificação de plágio, também oferece recursos de avaliação assistida por IA para pontuar tarefas e fornecer feedback. Ela aproveita o processamento de linguagem natural para automatizar estágios rotineiros do processo de avaliação e aumentar a capacidade dos instrutores de fornecer aos alunos feedback de alta qualidade e pontual. Um exemplo brasileiro é a Gomining (https://gomining.com.br/), uma plataforma de avaliação e feedback com IA que usa processamento de linguagem natural e algoritmos de aprendizado de máquina para analisar as respostas e redações dos alunos em diferentes disciplinas, como matemática, ciência da computação, literatura etc.

PARTE I As cinco dimensões da transformação digital na educação

- A IA também auxilia os orientadores acadêmicos e a equipe de apoio ao fornecer insights baseados em dados para orientar estratégias de suporte individualizadas, monitorar o progresso dos alunos e intervir quando necessário.

No geral, as ferramentas impulsionadas por IA têm o potencial de personalizar a aprendizagem e aprimorar o ensino e a avaliação, melhorando o acesso à educação de qualidade, fornecendo análises valiosas, apoiando alunos com necessidades especiais, facilitando a criação de conteúdo e promovendo a aprendizagem ao longo da vida. No entanto, é importante abordar a integração da IA na educação com um planejamento cuidadoso, considerações éticas e avaliação contínua para garantir que sua implementação esteja alinhada com os objetivos e valores educacionais.

5.3.3 Ferramentas impulsionadas por IA – Parte 2

Com a segunda onda de TD, as ferramentas específicas de **IA generativa** inauguram uma nova era de inovação e eficiência educacional. Esse é um ramo da IA que envolve a criação e geração de novos conteúdos, interações ou experiências utilizando algoritmos e técnicas avançadas para sintetizar informações de forma criativa e original.

Exemplos de ferramentas IA generativa incluem, entre outras:

- **ChatGPT** – lançado em novembro de 2022 pela OpenAI, usa um grande modelo de linguagem treinado em diálogos para gerar texto conversacional semelhante ao humano. Tem como base a arquitetura GPT (Generative Pre-trained Transformer, ou transformador generativo pré-treinado) e é projetado para fornecer respostas contextuais e relevantes; é excelente em entender consultas complexas.[****]
- **Microsoft Bing Chat** – criado pela Microsoft e disponibilizado em fevereiro de 2023, incorpora a tecnologia GPT da OpenAI ao mecanismo de busca Bing para permitir pesquisas em formato de conversa. Tem como objetivo combinar as habilidades linguísticas do GPT com o acesso do Bing ao conhecimento da web, utilizando o vasto conhecimento gráfico da Microsoft e o índice de busca do Bing para fornecer respostas precisas e atualizadas. Excelente em

---

[****] Existem várias publicações sobre o tema de ferramentas de IA para educação. O relatório da Unesco "ChatGPT and Artificial Intelligence in higher education: Quick start guide" (2023), por exemplo, fornece uma visão geral da forma como o ChatGPT [3.5] funciona e explica como ele pode ser usado no ensino superior. Embora o foco principal seja no ensino e aprendizagem, o documento traz uma perspectiva ampla e reconhece aplicações em outros subsistemas, entre outros, pesquisa, administração e engajamento comunitário. Disponível em: https://www.iesalc.unesco.org/wp-content/uploads/2023/04/ChatGPT-and-Artificial-Intelligence-in-higher-education-Quick-Start-guide_EN_FINAL.pdf. Acesso em: 19 jul. 2023.

fornecer informações em tempo real, é bem integrado à suíte de produtos da Microsoft.

- **Google Bard** – anunciado pelo Google em fevereiro de 2023, integra a IA conversacional à pesquisa Google para fornecer respostas úteis e de qualidade. Foi projetado para se envolver em conversas naturais com os usuários. Oferece geração de conteúdo com base em consultas dos usuários e tem potencial para desenvolvimento rápido devido à experiência do Google em algoritmos e IA.

- **Claude AI** – lançado pela Anthropic em abril de 2022, é uma ferramenta de IA generativa que se concentra na criação de conteúdo novo. Distingue-se por ser uma vertente específica da IA especializada em gerar conteúdo original com alto grau de confiabilidade e previsibilidade. Ele se destaca por sua flexibilidade e adaptabilidade, sendo uma escolha versátil para aplicações empresariais por ser facilmente personalizável em domínios e indústrias específicos.

- **Perplexity AI** – disponibilizada em 2021, concentra-se em desenvolver IA segura e confiável. Trata-se de um rastreador da web que usa aprendizagem de máquina para criar respostas gerais e a seguir oferecer uma série de links de sites considerados relevantes para a consulta.

- **DALL-E** – desenvolvido pela OpenAI e lançado em 2021, gera imagens a partir de descrições de texto usando uma rede neural treinada em pares de imagem e texto. Ele combina compreensão avançada de linguagem com síntese de imagens para criar visuais exclusivos e artísticos, ampliando os limites da IA generativa ao criar obras de arte visualmente impressionantes e conceitualmente únicas.

- **Microsoft Bing Image Creator** – lançado em fevereiro de 2023, usa uma "versão avançada" do DALL-E integrado ao Bing para gerar imagens de qualidade com base em requisitos específicos do usuário. Combina algoritmos avançados de reconhecimento e síntese de imagens para criar visuais que correspondem com precisão às expectativas do usuário. Essa ferramenta está integrada nativamente ao Microsoft Edge e pode ser acessada no botão Bing, no canto superior direito.

Como podemos notar, uma aplicação significativa da IA generativa é a **geração automatizada de conteúdo**. Ferramentas impulsionadas por IA podem analisar vastas quantidades de conteúdo educacional, incluindo livros didáticos, trabalhos de pesquisa e outros recursos de aprendizagem, para identificar padrões e gerar um conteúdo original alinhado com o tema em questão e os objetivos de aprendizagem.

Pesquisas em andamento concentram-se em utilizar a IA para **gerar automaticamente vídeos e visuais animados simples** a partir de descrições de texto, aprimorando os materiais do curso. Essa tecnologia ilustra efetivamente conceitos complexos para tornar a aprendizagem mais envolvente e eficaz.

Uma tendência emergente é o uso da **tecnologia de reconhecimento de voz** para ditar textos e palestras do curso, melhorando a acessibilidade e agilizando a criação de conteúdo. No entanto, as transcrições geradas exigem revisão humana para garantir precisão.

Ferramentas de tradução impulsionadas por IA realizam conversões multilíngues rápidas e expandem o acesso global a materiais educacionais. Embora a qualidade das traduções automatizadas esteja melhorando, ainda exige refinamento humano para conteúdo crítico.

Além disso, as ferramentas de IA generativa podem ser usadas para **criar avaliações** mais envolventes e interativas. Seu uso inclui corrigir tarefas, fornecer feedback e identificar áreas nas quais os alunos precisam de apoio adicional.

Essas capacidades podem economizar tempo e esforço valiosos para educadores e designers instrucionais na criação de materiais de curso, avaliações e atividades de aprendizagem, porém, apesar das promessas, existem desafios em relação à qualidade do conteúdo, precisão e necessidade de curadoria humana. As lições geradas por IA exigem revisão criteriosa, mas, se usada com cuidado, ela pode aprimorar a criatividade e a produtividade na elaboração de experiências educacionais de próxima geração personalizadas e dinâmicas.

5.3.4 Realidade virtual, realidade aumentada e metaverso

Em primeiro lugar, é importante conceituar e diferenciar alguns termos do universo de realidade estendida. A **Realidade Virtual (RV)** imerge os usuários em um ambiente digital totalmente artificial. Os usuários são desconectados do mundo real e experimentam um mundo virtual simulado por meio de dispositivos como *headsets* e luvas. A RV substitui o ambiente real do usuário por um virtual.

A **Realidade Aumentada (RA)** sobrepõe informações e objetos gerados por computador ao mundo real. Ao contrário da RV, a RA não substitui completamente a realidade, mas a aprimora ao adicionar a ela elementos virtuais que estão ancorados em objetos e cenários do mundo real; por exemplo, ao adicionar em tempo gráficos 3D, vídeo e áudio a uma visão real do ambiente em que se está.

Na educação, as tecnologias de RV/RA geram ambientes de aprendizagem imersivos, possibilitando que os alunos se envolvam com o conteúdo educacional. Elas são especialmente úteis em campos técnicos e profissionais, fornecendo simulações realistas para o desenvolvimento de habilidades. Os líderes devem se familiarizar com os requisitos de hardware e software para soluções de RV/RA e considerar os custos e o potencial retorno do investimento.[*****]

Em um contexto relacionado, o **metaverso** refere-se a um espaço virtual compartilhado no qual os usuários podem interagir entre si e com objetos digitais dispostos em um ambiente 3D, frequentemente utilizando tecnologias de RV/RA. Ele abre novas possibilidades para automação, colaboração remota, experiências imersivas e acessibilidade em aspectos administrativos e acadêmicos de instituições educacionais. Pode aprimorar operações, ensino e suporte, mas requer estratégias atualizadas, novas habilidades, estruturas éticas e planos sólidos de implementação.

Agora, vamos refletir mais detalhadamente sobre as implicações da RV/RA e do metaverso nos três subsistemas institucionais.

No **subsistema de gestão & administração**, cabe aos gestores:

- Familiarizar os líderes com as tecnologias de RV/RA e metaverso, apontando os benefícios potenciais na educação;
- considerar os requisitos de hardware e software para a implementação de soluções de RV/RA e do metaverso na instituição;
- avaliar os custos e o potencial retorno do investimento na adoção de tecnologias de RV/RA e do metaverso para fins educacionais; e
- explorar como RV/RA e o metaverso podem aprimorar as tarefas administrativas, como visitas de estudantes em potencial ao campus para recrutamento, integração, reuniões virtuais, trabalho e colaboração remota para administradores ou sessões de treinamento para funcionários.

No **subsistema de instrução**, cabe a professores e designers instrucionais:

- integrar as tecnologias de RV/RA e o metaverso no design instrucional para criar ambientes de aprendizagem imersivos e experienciais, excursões de campo, simulações etc.;
- utilizar simulações de RV/RA para aprimorar a educação técnica e profissional, fornecendo cenários realistas para o desenvolvimento de habilidades;
- incorporar sobreposições de RA em ambientes do mundo real para complementar materiais de aprendizagem e fornecer contexto ou informações adicionais; e

---

[*****] Para mais informações sobre esse assunto, o artigo "Experiential learning and VR will reshape the future of education", do Fórum Econômico Mundial de Davos em 2022, fala sobre como a RV é um exemplo líder e possivelmente transformador para a próxima geração de alunos, formandos e aprendizes vocacionais, possibilitando a aprendizagem experiencial. Disponível em: https://www.weforum.org/agenda/2022/05/the-future-of-education-is-in-experiential-learning-and-vr. Acesso em: 20 jul. 2023.

- fornecer treinamento e suporte para instrutores utilizarem efetivamente ferramentas de RV/RA e integrá-las em suas estratégias de ensino.

No **subsistema de suporte**, cabe às equipes:

- garantir o acesso ao hardware e software necessários para que estudantes e instrutores interajam com o conteúdo educacional de RV/RA e do metaverso;
- fornecer suporte técnico e treinamento para estudantes e educadores utilizarem efetivamente as tecnologias de RV/RA e o metaverso;
- oferecer orientações sobre as melhores práticas para incorporar experiências de RV/RA e do metaverso no processo de aprendizagem;
- utilizar análises de aprendizagem de RV/RA e do metaverso para coletar dados sobre o engajamento e o desempenho dos estudantes, fornecendo informações para suporte e intervenções personalizadas; e
- oferecer manutenção, segurança, infraestrutura e monitoramento para acesso e visualização remotos habilitados pelo metaverso.

Entre os desafios encontrados para sua adoção estão questões relacionadas à infraestrutura, ao investimento em tecnologia e ao treinamento de pessoal para implementar essas tecnologias de forma eficiente e eficaz. Além disso, a integração dessas tecnologias requer uma revisão criteriosa das estratégias pedagógicas existentes e a adaptação dos currículos para garantir que elas sejam usadas de maneira complementar e enriquecedora. A segurança e a proteção de dados são preocupações importantes, especialmente considerando a natureza interativa e imersiva dessas experiências educacionais. Superar essas dificuldades exigirá uma abordagem colaborativa entre os três subsistemas organizacionais, investimento em capacitação e recursos e uma avaliação constante para garantir que essas tecnologias sejam implementadas de forma ética e alinhada aos objetivos educacionais.

5.3.5 Dispositivos IoT

A **IoT (Internet of Things, ou Internet das Coisas)** refere-se à rede de objetos físicos incorporados com sensores, software e conectividade que lhes possibilita se conectar e trocar dados pela internet.

A aplicação da IoT ainda é incipiente na educação, mas tem um imenso potencial. Por exemplo, permite salas de aula inteligentes para monitorar condições ambientais como iluminação, temperatura, níveis de ruído etc. e ajustá-las automaticamente para otimizar o conforto e a aprendizagem dos alunos. Dispositivos vestíveis, como *smartwatches*, rastreadores de fitness e óculos de RA podem acompanhar as atividades físicas dos alunos e monitorar sua saúde e bem-estar.[3]

Um conceito relacionado são os **gêmeos digitais**, réplicas virtuais de objetos físicos ou ambientes que podem ser usados para simulação, análise e otimização. Por exemplo, réplicas virtuais de marcos históricos, fenômenos científicos ou projetos de engenharia podem ser criadas usando os gêmeos digitais para permitir que os alunos explorem e interajam com eles em um ambiente virtual. Os também chamados pares digitais podem fornecer representações virtuais de objetos do mundo real, como equipamentos de laboratório ou instrumentos científicos, possibilitando a experimentação remota. Além disso, podem ser usados para tomada de decisões baseadas em dados e análises educacionais, ajudando educadores e administradores a monitorar, analisar e otimizar os processos e resultados.

Em termos de implicações para os três subsistemas institucionais, o principal benefício da IoT é a geração de dados granulares em tempo real sobre os ambientes educacionais e os alunos. A análise dessas Big Data fornece insights para otimizar as operações, melhorar as práticas de ensino e possibilitar uma aprendizagem personalizada e contínua.

No **subsistema de gestão & administração**:

- automação de tarefas, como gerenciamento de estoque usando sensores e etiquetas de IoT, aumenta a eficiência;
- etiquetas RFID (Identificação por Radiofrequência) e dispositivos de rastreamento vestíveis podem ser usados para rastrear automaticamente a presença de alunos e professores;
- sensores conectados podem monitorar o uso de recursos e instalações, como no caso de eletricidade e água, bem como a segurança física geral, possibilitando decisões baseadas em dados;
- sistemas de vigilância por vídeo, sistemas de alerta de emergência e controles de acesso impulsionados por IoT aumentam a segurança no campus; e
- gêmeos digitais da infraestrutura e dos recursos do campus físico permitem o monitoramento em tempo real e a manutenção preditiva, garantindo o uso eficiente das instalações e equipamentos.

No **subsistema de instrução**:

- as salas de aula inteligentes com dispositivos conectados permitem a personalização dos ambientes de aprendizagem;
- tecnologias sensíveis à localização permitem que os educadores ofereçam conteúdo no contexto dos alunos com base em suas localizações precisas;
- dados de aprendizagem de dispositivos IoT em tempo real facilitam abordagens de aprendizagem personalizadas e adaptativas;

- gêmeos digitais dos alunos podem ser criados para representar perfis individuais de estudantes e preferências de aprendizagem, auxiliando educadores a projetarem experiências personalizadas; e
- por meio da simulação de ambientes virtuais de aprendizagem com gêmeos digitais, os instrutores podem experimentar várias metodologias de ensino e avaliar seu impacto antes da implementação em sala de aula.

Para o **subsistema de suporte**:

- sistemas de segurança, controle de acesso e vigilância conectados podem aprimorar a segurança do campus;
- gêmeos digitais dos sistemas de segurança do campus melhoram a detecção e resposta a ameaças, permitindo intervenções rápidas em emergências;
- etiquetas RFID em suprimentos, livros, dispositivos etc. podem automatizar o rastreamento e controle de estoque;
- o controle inteligente de iluminação, calor, ventilação e ar-condicionado nas salas de aula baseia-se na ocupação e nas condições reais de uso; e
- a manutenção proativa da tecnologia educacional por meio de gêmeos digitais pode evitar períodos de inatividade e garantir suporte contínuo a alunos e docentes.

Se implementada de forma holística, a IoT pode ser uma força transformadora em todo o ecossistema educacional. No entanto, os líderes devem considerar questões de segurança e privacidade relacionadas a dispositivos e redes e avaliar os requisitos de infraestrutura para implementar soluções de IoT.

5.3.6 Blockchain

A **tecnologia blockchain** é um registro digital público que armazena dados em ordem cronológica. É um banco de dados ou registro distribuído compartilhado entre os nós de uma rede de computadores, sendo mais conhecida por seu papel crucial em sistemas de criptomoedas para manter um registro de transações seguro e descentralizado. As informações são criptografadas para garantir que a privacidade do usuário não seja comprometida e que os dados não possam ser alterados.

Na educação, a tecnologia blockchain oferece várias aplicações transformadoras: registro de dados, identidade digital, microcredenciais, exames seguros e ambientes de aprendizagem descentralizados.

O MIT Media Lab, em colaboração com a Hyland Credentials (à época, Learning Machine), desenvolveu o padrão aberto Blockcerts para emissão, verificação e compartilhamento de credenciais baseadas em blockchain. O Blockcerts tem sido utilizado mundialmente por diversas instituições educacionais e organizações para emitir credenciais verificáveis; entre elas, University of Melbourne, Central New Mexico Community College e Southern Alberta Institute of Technology.[4]

Mais especificamente, a tecnologia blockchain pode ser aplicada nos três subsistemas organizacionais para reduzir custos e aumentar o acesso à educação, entre outros benefícios.

No **subsistema de gestão & administração**, os líderes podem:

- aplicar a tecnologia blockchain para estabelecer carteiras digitais descentralizadas para estudantes, professores e partes interessadas, garantindo o armazenamento seguro de informações de identidade e credenciais, facilitando a autenticação contínua e segura para plataformas e atividades de aprendizagem online e mitigando o risco de fraude de identidade;
- implementar blockchain para permitir que os estudantes compartilhem suas credenciais diretamente com empregadores ou partes interessadas, verificadas em tempo real para fornecer uma prova imediata e confiável de habilidades e qualificações e eliminar a necessidade de intermediários; e
- utilizar blockchain para apoiar micropagamentos e incentivos, como tokens ou recompensas digitais na conclusão de cursos, alcançar marcos ou contribuir para a comunidade de aprendizagem, criando uma experiência de aprendizagem gamificada e motivando os alunos a se envolverem na aprendizagem contínua.

No **subsistema de instrução**, os professores e designers instrucionais podem:

- utilizar blockchain para oferecer conteúdo personalizado e contextualizado aos alunos em salas de aula inteligentes, acessando recursos educacionais da plataforma descentralizada de compartilhamento e licenciamento de conteúdo;
- usar blockchain para compartilhar recursos educacionais e licenciá-los para outros usuários, garantindo uma compensação justa para os criadores de conteúdo por meio de contratos inteligentes e fornecendo registro transparente e rastreável de seu uso; e
- implementar blockchain para armazenar e gerenciar com segurança o histórico acadêmico dos alunos, criando registros digitais à prova de adulteração e verificáveis para cursos e credenciais concluídos, agilizando a emissão, verificação e compartilhamento de históricos, reduzindo a carga administrativa e garantindo a integridade dos registros dos alunos.

No **subsistema de suporte**, a equipe pode:

- utilizar blockchain no fornecimento de acesso a recursos educacionais para educadores e estudantes, tornando-os facilmente acessíveis e apoiando os estudantes em sua jornada de aprendizagem; e
- aplicar blockchain para financiamento e doações transparentes e rastreáveis, com plataformas descentralizadas de financiamento coletivo e contratos inteligentes para garantir responsabilidade e transparência no apoio a iniciativas educacionais.

Vale lembrar que, apesar dos benefícios potenciais da tecnologia blockchain na educação, há também desafios que precisam ser abordados, como o custo de implementação, a necessidade de educação e treinamento e os desafios de integrar a tecnologia blockchain com os sistemas existentes.

5.3.7 Tecnologia 5G

A **tecnologia 5G** corresponde à quinta geração de comunicações celulares móveis. Oferece velocidades de banda larga significativamente mais altas, latência ultrabaixa e, em comparação com a tecnologia 4G, a capacidade de conectar uma quantidade muito maior de dispositivos simultaneamente.

As potenciais aplicações educacionais do 5G incluem experiências de aprendizagem imersivas em RV/RA, videoconferências sem interrupções, tradução de idiomas em tempo real, aprendizagem personalizada assistida por IA, aprendizagem prática remota e conectividade constante.

No **subsistema de gestão & administração**, a conectividade constante do 5G pode ser utilizada para acesso a dados em tempo real, simplificando processos administrativos e tomadas de decisão. Combinado com a tecnologia de RV/RA, o 5G viabiliza a realização de reuniões, treinamentos e conferências virtuais de gestores e funcionários. Além disso, pode adaptar programas de desenvolvimento profissional para a equipe com base nas necessidades e preferências individuais.

No **subsistema de instrução**, a incorporação de experiências de aprendizagem imersivas de RV/RA ao 5G pode fornecer aulas interativas e envolventes que promovem uma compreensão mais profunda entre os estudantes. Videoconferências sem interrupções com o 5G permitem que os estudantes remotos participem de discussões em tempo real e atividades colaborativas. E, com o 5G, a aprendizagem personalizada assistida por IA permite conteúdo adaptável e personalizado com base no ritmo e preferências de cada estudante.

No **subsistema de suporte**, a conectividade constante do 5G proporciona assistência em tempo real por meio de serviços de suporte e balcões de ajuda virtuais. A IA e o 5G permitem analisar os dados dos estudantes e identificar áreas onde podem ser necessários apoio ou intervenções adicionais. E a aprendizagem prática remota com 5G oferece aos estudantes acesso a experiências e experimentos em laboratórios virtuais, aprimorando suas oportunidades de aprendizagem prática.

No entanto, para se beneficiar do 5G na educação, é necessário atualizar a infraestrutura de rede e contar com dispositivos compatíveis com a tecnologia. As altas velocidades e a conectividade podem aprimorar muitas experiências de aprendizagem, mas a adoção do 5G implica custos que as instituições devem considerar.

5.4 QUESTÕES DE PRIVACIDADE E SEGURANÇA

À proporção que as organizações educacionais abraçam a TD e incorporam tecnologias emergentes em suas operações, é de sua responsabilidade abordar questões de privacidade e segurança. Todos os líderes – e particularmente o Comitê de TD – devem garantir a proteção de dados sensíveis e manter a confiança das partes interessadas cumprindo regulamentos relevantes e considerações éticas.

5.4.1 Privacidade de dados

Os esforços de transformação digital frequentemente envolvem a coleta, o processamento e o armazenamento de vastas quantidades de dados, que incluem informações pessoais de estudantes, professores e funcionários. Esses dados podem ser usados para acompanhar o progresso dos alunos, proporcionar experiências de aprendizagem personalizadas e aumentar a eficiência administrativa, no entanto levantam preocupações com a segurança, pois o acesso não autorizado a essas informações pode ser usado para roubo de identidade, *cyberbullying* ou outras formas de abuso online.

Para proteger alunos e professores, as instituições educacionais devem implementar políticas e práticas robustas de privacidade de dados. Essas políticas devem estar alinhadas com regulamentos como o General Data Protection Regulation (GDPR),[5] na União Europeia, ou o Family Educational Rights and Privacy Act (FERPA), nos Estados Unidos.[6]

O Brasil possui a Lei Geral de Proteção de Dados (LGPD), que entrou em vigor em setembro de 2020[7] e estabelece regras para a coleta, uso, processamento e armazenamento de dados pessoais. Esse quadro legal deve implementar políticas e práticas robustas de privacidade de dados com a finalidade de proteger informações pessoais, minimizar violações de dados e mitigar o risco de acesso ou divulgação não autorizados.

PARTE I As cinco dimensões da transformação digital na educação

O CIEB – Centro para Inovação na Educação Brasileira preparou, em 2020, o **Manual de proteção de dados pessoais para gestores e gestoras públicas educacionais**, que pode ser adaptado também para instituições privadas. O documento, que traz exemplos, linguagem acessível, pontos de atenção, minutas de documentos e orientações sobre todas as etapas do ciclo de vida de dados pessoais na educação, traduz os principais conceitos, princípios e hipóteses da LGPD à realidade do ensino público.[8]

A seguir estão algumas medidas que as instituições educacionais podem adotar para proteger a privacidade dos alunos:

- Obter consentimento dos alunos (e de seus pais ou responsáveis, quando for o caso) antes de coletar ou usar informações pessoais.
- Coletar apenas os dados necessários para o propósito pretendido.
- Implementar medidas rigorosas de segurança para proteger os dados contra acesso, uso ou divulgação não autorizados.
- Dar aos alunos (e a seus pais ou responsáveis, quando apropriado) o direito de acessar suas informações pessoais e transferi-las para outra organização.
- Excluir informações pessoais quando não forem mais necessárias.

É essencial para as instituições educacionais implementar políticas e práticas robustas de privacidade de dados com o intuito de minimizar violações de dados e divulgação de informações pessoais e mitigar o risco de acesso ou divulgação não autorizados.

5.4.2 Segurança

À medida que as instituições educacionais dependem cada vez mais de sistemas e infraestruturas digitais, tornam-se mais vulneráveis a ameaças de segurança cibernética. Esses ataques podem ter um impacto devastador em uma instituição, interrompendo suas operações e prejudicando sua reputação ao custo de milhares de reais.

Para se proteger contra ameaças de segurança cibernética, as organizações de educação devem priorizar a segurança de seus ativos digitais. Isso inclui a implementação de controles de acesso, criptografia e medidas de segurança robustas.

Alguns procedimentos que as instituições educacionais podem adotar para melhorar sua segurança cibernética são:

- usar senhas fortes e autenticação de múltiplos fatores;
- criptografar dados em repouso e em trânsito;
- manter os softwares atualizados; e
- ter um plano para responder a incidentes de segurança.

Auditorias regulares de segurança e avaliações de risco podem ajudar a identificar vulnerabilidades e garantir que os protocolos permaneçam atualizados e eficazes. Além disso, funcionários e alunos devem ser educados sobre as melhores práticas de segurança cibernética para aprimorar a postura geral da instituição.

CONSIDERAÇÕES FINAIS

A dimensão tecnológica é um motor fundamental de mudança no ensino contemporâneo. Plataformas e ferramentas educacionais clássicas continuam a fornecer uma infraestrutura importante, possibilitando a aprendizagem online estruturada, a colaboração social e a gamificação. No entanto, tecnologias emergentes alimentadas por IA, RV/RA, blockchain, 5G, entre outras estão colocando em xeque os paradigmas tradicionais.

Utilizadas com prudência, essas tecnologias podem tornar a aprendizagem altamente personalizada, acessível, imersiva e conectada. Os alunos podem desfrutar de tutores orientados por IA, experiências simuladas e caminhos de aprendizagem adaptados a suas necessidades e ritmo. Mas também há preocupações em torno da privacidade de dados, segurança, transparência e vieses que devem ser abordadas proativamente.

Ao avançarmos para o futuro, é necessária uma abordagem ponderada e responsável – uma mentalidade que acompanhe a mudança tecnológica, mas mantenha o foco nos objetivos educacionais e no bem-estar dos alunos. Com estratégias sólidas e estruturas éticas, a tecnologia pode ajudar a criar em escala experiências de aprendizagem envolventes, significativas e capacitadoras. Essa é a promessa da transformação digital da educação.

Referências

[1] Para informações atualizadas sobre as inovações oferecidas no Duolingo, ver https://blog.duolingo.com/duolingo-technology-innovations/.

[2] FILATRO, A. **Data science na educação.** São Paulo: Saraiva, 2021. Ver também BISHOP, M. J. Splitting hairs: exploring learn-ing vs learn-er analytics (and why we should care). **The Evollution**, 29 mar. 2017. Disponível em: https://evolllution.com/technology/metrics/splitting-hairs-exploring-learn-ing-vs-learn-eranalytics-and-why-we-should-care/. Acesso em: 20 jul. 2023.

[3] A esse respeito, ver BADSHAH, A. *et al.* Towards smart education through Internet of Things: a survey. **ACM Computing Surveys**, May 2023. Disponível em: https://www.researchgate.net/publication/370133631_Towards_Smart_Education_through_Internet_of_Things_A_Survey. Acesso em: 31 jul. 2023.

[4] Ver https://www.media.mit.edu/projects/media-lab-digital-certificates/overview/.

[5] Disponível em: https://gdpr-info.eu/.

[6] Disponível em: https://www2.ed.gov/policy/gen/guid/fpco/ferpa/index.html.

PARTE I As cinco dimensões da transformação digital na educação

[7] Disponível em: https://www.planalto.gov.br/ccivil_03/_ato2015-2018/2018/lei/l13709.htm.

[8] CIEB. **Manual de proteção de dados pessoais para gestores e gestoras públicas educacionais.** São Paulo: CIEB, 2020. Disponível em: https://cieb.net.br/wp-content/uploads/2020/10/Manual_LGPD_Digital-compactado.pdf. Acesso em: 30 jul. 2023.

PARTE II
TRANSFORMAÇÃO DIGITAL NA PRÁTICA

Imagem criada com Microsoft Bing Image Creator em 09-10-2023.

CAPÍTULO 6
TRANSFORMAÇÃO DIGITAL NA PUCPR

com Vidal Martins

Fundada em 1959, a Pontifícia Universidade Católica do Paraná (PUCPR) é uma universidade privada sem fins lucrativos, orientada por princípios éticos, cristãos e maristas, que atua como promotora do desenvolvimento regional e inclusão social. Tem como foco desenvolver excelência educacional e pesquisas de qualidade, fomentar o empreendedorismo e inovação, além de promover a multi e interculturalidade aliadas à inclusão social.

Presente em três cidades no estado do Paraná, possui mais de 70 cursos de graduação, 150 cursos de educação continuada e 16 programas de pós-graduação *stricto sensu* que compreendem diversas áreas do conhecimento e estão distribuídos em seis escolas: de Negócios, de Belas Artes, de Educação e Humanidades, de Medicina e Ciências da Vida, de Direito e Escola Politécnica.

Na última década, sensível aos desafios da Quarta Revolução Industrial, a PUCPR busca se tornar uma Organização 4.0, que se adapta de forma ágil a mudanças.[1] Essa jornada se apoia em cinco pilares estratégicos:

1. a centralidade do cliente;
2. a transformação digital;
3. a cultura organizacional;
4. a inovação; e
5. a governança.

Para alcançar a agilidade almejada, a universidade investe fortemente na evolução da cultura organizacional, implantando uma governança leve baseada em dados. Na prática, isso significa a migração de um modelo de gestão que enfatiza comando e controle para um que proporcione mais autonomia às pessoas e, consequentemente, mais capacidade para enfrentar desafios complexos.

A descrição da transformação digital da PUCPR está organizada desta forma: inicialmente, apresenta-se o novo modelo de gestão da universidade, que viabiliza mudanças ágeis e focadas no cliente. Em seguida, descreve-se a forma como a estratégia de transformação digital está organizada de modo que seja possível compreender o propósito das diferentes iniciativas envolvidas. Depois, explica-se a nova proposta pedagógica da universidade e o papel exercido pela tecnologia. Finalmente, apresenta-se um novo produto digital: a graduação 4D.

6.1 NOVO MODELO DE GESTÃO DA PUCPR

A principal aposta da PUCPR para se tornar uma organização ágil é a autogestão: um modelo de gestão que distribui o poder e a autoridade, provendo mais autonomia a cada integrante da organização por meio de responsabilidades e acordos claros. Com a autogestão, a governança da PUCPR vem se tornando leve, apesar de ter algum grau de centralização cuja principal finalidade é a elaboração de alinhamentos estratégicos para possibilitar a execução distribuída dos serviços com alto grau de autonomia.

A instituição utiliza os conceitos de **capítulo** e **círculo** para implementar essa transformação no modelo de gestão.

Um **capítulo** é formado por um grupo de pessoas com competências similares em um tema específico. Uma parte delas está vinculada a uma área funcional da universidade e é responsável pela governança do capítulo, e as demais estão distribuídas em diversas áreas da organização a fim de realizar o trabalho nas pontas de forma autônoma. Todos os membros do capítulo se reúnem com alguma frequência para promover os alinhamentos necessários. Os seguintes capítulos estão vinculados à diretoria de planejamento e estratégia.

- O capítulo de **inteligência de negócio** facilita a criação de indicadores estratégicos e de desempenho da operação, que constituem evidências para processos decisórios assertivos. Alguns de seus membros estão vinculados à diretoria de planejamento e estratégia e os demais estão distribuídos em diferentes áreas da organização (finanças, marketing, atendimento, operação acadêmica, pesquisa, escolas etc.). Cada área cria seus próprios indicadores (execução distribuída), respeitando padrões institucionais de especificação de requisitos e de implementação, com o uso de ferramentas homologadas e em conformidade com a LGPD (governança centralizada e leve).

PARTE II Transformação digital na prática

- O capítulo de **transformação digital** implementa novos processos com *mindset* digital, utilizando as tecnologias adequadas. Da mesma forma, alguns de seus membros estão vinculados à diretoria de planejamento e estratégia e os demais atuam nas pontas.
- O capítulo de **experiência do cliente** desenha a jornada do estudante com a visão do que é importante para ele em termos da experiência na relação com a universidade e então cria novos processos com a finalidade de proporcionar experiências memoráveis.

Um **círculo,** diferentemente do capítulo, costuma ser multidisciplinar, agrupando pessoas com diferentes competências na busca de um propósito comum. Esse propósito pode ser a entrega de um produto ou serviço, ou ainda a governança de um tema de interesse da organização.

A ideia de entrega realizada por uma equipe multidisciplinar lembra o conceito bastante difundido de *squad,* mas os círculos se diferenciam deles em diversos aspectos. Primeiro, pode estar focado apenas em governança, enquanto uma *squad* sempre prevê a entrega de algum produto ou serviço. Além disso, o círculo pode ser subdividido em subcírculos para gerenciar complexidade; ou seja, se o seu propósito é bastante amplo, pode-se desdobrá-lo em objetivos menores atribuídos a subcírculos. Outra diferença é a dinâmica de trabalho dentro de um círculo, que segue princípios sociocráticos e representa uma mudança cultural bastante significativa na forma de se organizar, interagir, tomar decisões e realizar o trabalho.

No limite, uma organização pode ser estruturada totalmente em círculos, sem organograma, mas esse não é o caso da PUCPR. A universidade cria círculos conforme necessário, como uma camada superior ao organograma. Normalmente, utiliza círculos para realizar governança ou quebrar silos, isto é, para promover a integração de áreas distintas na busca de solução para situações transversais.

Alguns círculos criados pela PUCPR são:

- o **círculo de governança PUCPR**, que conta com a participação de todas as lideranças estratégicas da universidade e tem como propósito aumentar o nível de participação e comprometimento das áreas na definição e execução da sua estratégia;
- o **círculo de captação de recursos**, responsável pela governança das diferentes iniciativas de captação da instituição. Uma vez que os processos de captação são muito específicos (órgãos de fomento, *naming rights*, patrocínio, aluguel de espaços, emendas parlamentares, doações etc.) e ocorrem de forma distribuída em diversas áreas, eles requerem diferentes competências, por isso não faz sentido criar um capítulo;

- o **círculo de matrícula e rematrícula**, com o propósito de tornar o processo de matrícula dos calouros e rematrícula dos veteranos uma experiência memorável por sua simplicidade, eficiência, clareza e resolutividade. É um exemplo de quebra de silos, reunindo pessoas de diferentes áreas funcionais (finanças, atendimento, marketing, planejamento acadêmico, secretarias, coordenações de curso, tecnologia da informação etc.) em torno de um propósito comum. Em virtude da complexidade do processo e do volume de pessoas envolvidas, este círculo conta com subcírculos para alcançar seu propósito.

6.2 ESTRATÉGIA DE TRANSFORMAÇÃO DIGITAL

Distribuir poder e autoridade por meio de responsabilidades e acordos bem definidos são requisitos obrigatórios para a agilidade de uma organização: as pessoas trabalham com alto grau de autonomia, porém respeitando os alinhamentos estabelecidos pela governança. Entretanto, essa autonomia alinhada não é suficiente para assegurar o êxito da transformação digital; sem uma estratégia digital clara, corre-se o risco de gastar recursos e energia em ações ineficazes.

A estratégia digital da PUCPR é inspirada no modelo proposto pelo Gartner Group.[2] Em síntese, ele sugere que a organização defina claramente uma **ambição digital** a partir da análise de sua estratégia de negócio, da visão de futuro do segmento em que atua e da resposta desejada para esse contexto.

A ambição pode envolver a **otimização do negócio**, que consiste em aprimorar produtos existentes, aumentar a produtividade ou melhorar a experiência do cliente, ou efetivamente promover a **transformação do negócio**, lançando novos produtos, serviços ou mesmo novos modelos de negócio. É muito natural que uma estratégia digital combine essas diferentes possibilidades.

A ambição digital serve de guia para estabelecer o ritmo e as prioridades da jornada digital da organização. Também direciona o desenho do modelo operativo dessa jornada, que compreende as competências e os recursos necessários à execução da estratégia. O nível de maturidade da instituição na área de tecnologia da informação pode ser um limitador para a ambição ou um habilitador de ambições disruptivas, por isso precisa ser levado em conta ao se estabelecer a ambição digital.

Considerando esse modelo, a PUCPR combina diferentes jornadas em sua estratégia digital, cobrindo todas as possibilidades de otimização e transformação do negócio.

Na frente de **otimização do negócio**, que tem como escopo o **aumento da produtividade**, vários processos administrativos e operacionais têm sido redesenhados e automatizados com a utilização de RPA (Robotic Processing Automation) e de ferramentas de fluxo de trabalho (*workflow*). Para desenvolver a cultura de tomada de decisão baseada em evidências, a PUCPR criou o capítulo de **inteligência de negócio**, responsável pela governança de dados na universidade e apoiado em tecnologias como sistemas gerenciadores de banco de dados, *data warehouse*, segurança da informação e *analytics* para produzir indicadores estratégicos e operacionais. Além disso, a arquitetura tecnológica foi redesenhada e investimentos têm sido feitos para implementar as mudanças propostas com a finalidade de aumentar o nível de maturidade da PUCPR em tecnologia da informação e, assim, viabilizar passos mais ousados na estratégia digital.

Ainda na frente de **otimização do negócio**, mas com foco no **aprimoramento do produto**, a PUCPR promoveu inovações no processo de ensino e aprendizagem com estes objetivos:

- proporcionar uma aprendizagem significativa, profunda e duradoura;
- desenvolver a autonomia dos estudantes para o enfrentamento de situações desconhecidas;
- engajar os estudantes em nível cognitivo, afetivo e comportamental;
- adaptar a aprendizagem à realidade do estudante; e
- personalizar a aprendizagem.

Para alcançá-los, a universidade adotou a abordagem de formação por competências, investindo fortemente na formação dos professores, inclusive no desenvolvimento de competências digitais docentes, promovendo aprendizagem adaptativa e personalizada, além de oferecer ambientes imersivos de aprendizagem. Esses temas serão detalhados na descrição da proposta pedagógica da PUCPR e o papel da tecnologia.

Também na **otimização do negócio**, a universidade busca continuamente a **melhoria da experiência do estudante**. Nesse sentido, a instituição desenvolveu o agente virtual Mari utilizando a inteligência artificial do sistema IBM Watson, que possibilita o atendimento virtual aos estudantes 24/7 via chat e WhatsApp. Também oferece à comunidade acadêmica o aplicativo PUCPR App,[3] a partir do qual o estudante da graduação presencial acessa diversos serviços da universidade (programação do ano acadêmico, eventos, atividades, notícias, dúvidas e comunicação direta com os coordenadores de curso). O relacionamento com o cliente também é feito por meio de outras tecnologias, tais como CRM (Salesforce), portal, redes sociais e diploma digital.

Na frente de **transformação do negócio**, a PUCPR produz tanto **novos produtos** como **novos modelos de negócio**. A graduação 4D, descrita mais à frente, e a pós-graduação digital são exemplos de novos produtos. Da mesma forma, o programa de graduação internacional American Academy, os modelos Collab e

Premium Partner de parceria na área da pós-graduação digital e os programas Open Academy e Lifelong Learning, que serão lançados em 2024, são exemplos de novos modelos de negócio.

Com base nessa estratégia, a PUCPR está avaliada no nível 4 do modelo IDC de maturidade digital (2020) por seu compromisso de longo prazo com a transformação digital, com gestão da inovação em toda a universidade, além da evolução contínua da experiência digital do cliente e da cultura organizacional.

6.2.1 Proposta pedagógica e o papel da tecnologia

A proposta pedagógica da PUCPR, fundamentada na **formação por competências**, promove **aprendizagem adaptativa e personalizada** com o uso de tecnologias para facilitar os processos de ensino e aprendizagem. Dentre elas, destacam-se os **ambientes imersivos de aprendizagem** e o ChampAnalytics, uma plataforma para aprendizagem adaptativa baseada em inteligência artificial desenvolvida por pesquisadores da própria universidade. Para viabilizar a execução dessa proposta, a PUCPR investe fortemente no desenvolvimento de **competências digitais docentes**, descritas a seguir com mais detalhes assim como as tecnologias envolvidas.

Para a instituição, a **competência** é um saber agir interiorizado e eficaz que resolve uma situação-problema com a qual o estudante é desafiado. São mobilizados, de forma integrada, os saberes, os conhecimentos e os princípios necessários para lidar com a situação de maneira segura e confiante. Igualmente importante é desenvolver a capacidade de transferir esse saber agir para situações novas.

A competência é subdividida em **elementos de competência** que são distribuídos nas disciplinas de um curso, e assim o estudante vai adquirindo maturidade nesses saberes. Uma **disciplina certificadora** avalia se o aluno desenvolveu ou não a competência ao requerer do estudante a mobilização do conjunto de elementos para observar se ele alcançou os resultados de aprendizagem esperados.

O estudante é colocado diante de problemas pouco estruturados ou não estruturados para que mobilize todo um arsenal de recursos e apresente os resultados de sua aprendizagem. Assim, o planejamento das disciplinas se dá no modo *backtrack* – desenvolvimento de trás para a frente – a partir dos resultados que se espera alcançar.

Figura 6.1 – Planejamento no modo backtrack.

Fonte: Martins (2023).

A partir dos resultados esperados e das estratégias de avaliação de seu alcance, são desenhadas experiências de aprendizagem com base em metodologias ativas. Os conteúdos também fazem parte desse processo, mas a proposta inclui desenvolver a metacognição e a autorregulação pelos estudantes para que se tornem autônomos criando comunidades de investigação com muita troca entre alunos e professores.

Assim, mesmo sob o guarda-chuva da TD, quando o docente desenha uma experiência de aprendizagem, ele segue um roteiro que parte da competência a ser desenvolvida para só ao final chegar às tecnologias que serão utilizadas.

Um percurso de formação desenvolve competências predeterminadas para adquirir o diploma de uma profissão específica, mas também pode incluir competências adicionais conforme a vocação e interesses do estudante; dessa forma, a PUCPR proporciona **aprendizagem personalizada**. Cabe destacar que essa proposta é implementada por trilhas de aprendizagem facultativas intencionalmente planejadas para desenvolver competências adicionais. Tal abordagem difere significativamente da simples oferta de disciplinas eletivas, que com frequência representam conteúdos fragmentados e quase aleatórios, já que não seguem um plano intencional de formação.

A PUCPR oferece vários produtos a partir dos quais o estudante pode compor um currículo personalizado. Dentre os cursos de graduação, destacam-se o American Academy; o Design; as licenciaturas, que formam professores para a educação básica; o curso de Economia da Influência Digital, primeira graduação 4D da universidade; e o International Business Program. Em 2024, foram lançados pelo menos mais sete cursos de graduação 4D e o Open Academy, com a mesma abordagem de aprendizagem personalizada. Além dos cursos de graduação personalizáveis, a PUCPR dispõe de três trilhas de formação que se conectam a qualquer curso: empreendedorismo e inovação, iniciação científica e tecnológica e projeto vida universitária. Esse conjunto de ofertas impacta anualmente mais de 4 mil estudantes.

Essa proposta pedagógica é muito diferente das abordagens conteudistas e inflexíveis que predominam nos processos de ensino e aprendizagem, o que requer investimentos na **formação docente** para torná-la viável. A PUCPR possui um Centro de Ensino e Aprendizagem, o CrEAre,[4] que é formado por professores da universidade e tem a responsabilidade de desenvolver continuamente as competências docentes. Nele, oferece um programa permanente de formação que abrange competências digitais, metodologias para aprendizagem ativa, formação de comunidades de investigação, aprendizagem imersiva, ferramentas tecnológicas, entre outros temas. Cada escola e cada campus fora da sede da PUCPR possui um Núcleo de Excelência Pedagógica (NEP) que funciona como uma extensão local do CrEAre.

Observa-se, no roteiro de planejamento das disciplinas, que a mediação tecnológica aparece no final da cadeia de atividades com a finalidade de potencializar as experiências de aprendizagem programadas. Um instrumento utilizado pelos docentes nesse processo é a Padagogy Wheel (Roda Padagógica, em referência a aplicativos para iPad), criada em 2015 pelo educador canadense Allan Carrington e atualizada anualmente. Trata-se de uma ferramenta visual para representar as múltiplas abordagens e estratégias pedagógicas que os educadores podem adotar associadas a tecnologias de apoio relevantes.[5]

Na PUCPR, a Roda Padagógica é empregada na rotina dos professores aplicada a diversas ações, do planejamento e desenvolvimento curricular e escrita dos resultados de aprendizagem ao planejamento de atividades de ensino e aprendizagem. O princípio fundamental é que a pedagogia deve determinar o uso educacional dos aplicativos e ferramentas tecnológicas.[6]

Além da formação por competências, realizada por professores capacitados para essa abordagem, e do uso de tecnologias para mediação das experiências de aprendizagem, a PUCPR busca potencializar o desenvolvimento dos estudantes por meio da **aprendizagem adaptativa**. Com esse objetivo, criou o ChampAnalytics, uma plataforma baseada em inteligência artificial capaz de prever o desempenho de cada estudante, diagnosticar as causas de uma performance insuficiente e prescrever ações para recuperar o engajamento e a performance do aluno.

A plataforma foi desenvolvida considerando a realidade de estudantes do curso de Ciência da Computação envolvendo 12 disciplinas, analisando o histórico de mais de 400 alunos e gerando recomendações para mais de 150 estudantes. Está em fase de expansão e já alcança três cursos de graduação, impactando mais de 400 alunos matriculados em 20 disciplinas. Como diferencial, a ferramenta utiliza dados extraclasse e dados motivacionais que proporcionam uma visão mais holística do processo e, por consequência, maior precisão nas previsões. A plataforma antecipa a nota final do estudante tanto na modalidade presencial quanto na híbrida.

Fechando a proposta pedagógica mediada por tecnologia, merece destaque o uso de imersão nos processos de ensino e aprendizagem da PUCPR. Ela proporciona um aprendizado significativo, profundo e duradouro porque envolve o estudante de maneira mais completa, estimulando múltiplos sentidos, promovendo participação ativa e estabelecendo conexão emocional com o objeto de estudo.

Para incentivar o uso de imersão, em 2023 a PUCPR criou o Centro de Realidade Estendida,[7] que oferece **ambientes imersivos de aprendizagem** multitemáticos a fim de aproximar a comunidade acadêmica das novas tecnologias educacionais. Com mais de 3 mil metros quadrados no campus de Curitiba e na

Arena Digital PUCPR,[8] o espaço é inédito no âmbito das instituições de ensino superior brasileiro. Conta com ambientes que permitem explorar o potencial imersivo de tecnologias como realidade virtual, realidade aumentada, realidade mista, *cave* 360 graus, *full dome*, impressão 3D e *wearables*, entre outras.

O Centro de Realidade Estendida possibilita o desenvolvimento de experiências imersivas em diferentes campos de conhecimento. Por exemplo, na área de saúde, disponibiliza um simulador em tempo real de entrevistas médicas e jogos de realidade virtual para correção de movimentos em atividades físicas. Na área de engenharia, um guia digital de realidade mista possibilita o treinamento de instrumentação elétrica, uma visita virtual a plantas e processos produtivos e uma aplicação sobre a estrutura de produtos manufaturados. No teatro, viabiliza a realização encenações em ambientes virtuais. Na área no direito, os estudantes podem realizar imersões em cenário de crimes. Nas ciências biológicas, é possível criar animais em modelos 3D. E, nas humanidades, os estudantes podem acessar um documentário imersivo e um jogo sobre funções matemáticas.

Com o propósito de desenvolver experiências sob medida para os professores de todas as áreas do conhecimento, o Centro de Realidade Estendida conta com uma equipe de desenvolvimento de objetos de aprendizagem. É papel do professor conceber a experiência imersiva que levará a um resultado de aprendizagem mais robusto, porém essa equipe de desenvolvimento ajuda a implementá-la. Dessa forma, a PUCPR pode construir suas próprias experiências sem a dependência de produtos de mercado para proporcionar aprendizagem imersiva.

6.2.2 Graduação 4D

Um dos maiores exemplos da TD no processo de ensino e aprendizagem da PUCPR é a **Graduação 4D** do curso Economia da Influência Digital.[9] Seu objetivo é profissionalizar o surgimento das novas atuações de mercado, como as de influenciador digital, infoprodutor, *prosumer*, *gamer* e *streamer*.

Desde a concepção, o curso foi cocriado por alunos, pais, profissionais de mercado, além de empreendedores e professores. Cerca de 300 pessoas se envolveram nesse projeto, seguindo a tradição e o rigor da qualidade da marca PUCPR, com o suporte do que há de mais inovador no mercado.

Vale lembrar que se trata de uma graduação tecnológica, não um bacharelado, o que significa que em dois anos o estudante está formado. A carga horária de 1.600 horas é condensada no intervalo de quatro semestres, cada um com 400 horas, refletindo a velocidade característica do setor da influência digital. Ao longo do curso, o estudante pode escolher as disciplinas que mais se ajustam à sua vida profissional, assistir a aulas no metaverso e aprender com influenciadores de sucesso.

A principal ênfase da proposta pedagógica da Graduação 4D é o fato de toda a aprendizagem se dar por meio de abordagem de **projetos**, em que os estudantes colocam a mão na massa e trabalham com vivências reais, cujo objetivo principal é tornar os alunos protagonistas da sua vida e do seu estudo. Dessa forma, a cada semestre os estudantes desenvolvem um projeto. No primeiro, adotam uma instituição social para cuidar de suas mídias sociais. No segundo, a ênfase está na forma e função, e no terceiro o foco é significado e entregas. No projeto final, que valoriza as competências empreendedoras, cada estudante cria um canal para poder trabalhar e construir o seu próprio universo digital.

A segunda ênfase é a **experiência no metaverso**, com o objetivo de gerar maior similaridade com o mundo físico e com as aulas presenciais, mesmo o curso explorando muitos aspectos do universo digital. Estudantes, professores e convidados se conectam de diversos lugares, simulando uma experiência presencial, mas de um modo diferente das ações totalmente remotas praticadas usualmente.

De fato, não se trata de um curso a distância tradicional porque não se baseia exclusivamente na interação dos estudantes com conteúdos, sem contato social. Há conteúdo gravado acessado de forma assíncrona, mas ele é combinado com aulas de troca realizadas em um espaço virtual que reproduz o campus da PUCPR. Os estudantes têm acesso a realidade virtual, realidade aumentada e realidade mista para vivenciar experiências imersivas de aprendizagem.

A terceira ênfase da Graduação 4D são as **trilhas de aprendizagem.** Cada estudante tem autonomia para construir seu próprio currículo. O curso é composto por mais de 60 disciplinas, entre as quais algumas são estruturais, como Comunicação Digital, Filosofia, Teologia e Sociedade, Mindset e Curadoria Digital, Empatia e Jornadas, Constância e Resiliência, Ética: Opinião e Responsabilidade, Empreendedorismo, ESG, Normas e Legislação.

Entretanto, há mais de 30 disciplinas eletivas, disponíveis a partir do segundo semestre, organizadas em uma espécie de playlist que inclui, por exemplo, Semiótica, Storytelling, Design Thinking, Libras, Social Gaming, Copywriting, Coolhunting, Atuação e Oratória, Gestão em Negócios Digitais, Branding and SelfMarketing e Monetização de Negócios Digitais, entre outras.[10]

Algumas trilhas pré-desenhadas ajudam o estudante a fazer escolhas: Trilha do Empreender, Trilha do Influenciar, Trilha do Saber, Trilha do Gaming, Trilha da Criatividade, Trilha do Inovar e Trilha da Produção. Além disso, os estudantes contam com um programa de orientação no qual apresentam suas demandas e um orientador indica qual caminho podem seguir de acordo com elas.

Os professores atuam no mercado de trabalho e estão envolvidos no dia a dia do curso, gerando um enorme networking. Na nova economia 4.0, totalmente

PARTE II Transformação digital na prática

digital, a Graduação 4D, particularmente o curso de Economia da Influência Digital, se mostra bastante disruptiva.

6.2.3 Desafios futuros

Mesmo com tantas inovações, há muitos desafios a serem enfrentados, pois a TD não acontece de uma hora para outra. Entre eles, estão:

- consolidar o modelo organizacional que visa proporcionar muita autonomia, governança leve e execução distribuída;
- acelerar a transformação digital;
- aprofundar as ações de formação de competências entre os docentes;
- consolidar a plataforma de aprendizagem adaptativa e expandir os benefícios para todos os estudantes da universidade;
- contar com mais produtos de educação personalizada;
- proporcionar experiências em ambientes imersivos de aprendizagem para todos os estudantes.

6.3 COMENTÁRIOS SOBRE O CASO PUCPR

Considerando os pontos discutidos em cada capítulo deste livro, podemos destacar alguns aspectos observados nas diferentes dimensões da TD para a educação.

No que diz respeito à **dimensão estratégica**, notam-se objetivos claramente estabelecidos por meio dos pilares de centralidade do cliente, transformação digital, cultura organizacional, inovação e governança leve baseada em dados. Está clara a busca pelo fortalecimento de uma cultura organizacional ágil e aberta à mudança.

O caso evidencia também a valorização da **dimensão humana** pela ênfase dada ao desenvolvimento pessoal, particularmente dos docentes, pela busca de autonomia alinhada e pelo foco na experiência do estudante. A iniciativa de cocriação da Graduação 4D também revela o poderoso papel das pessoas no desenho de cursos inovadores.

Na **dimensão organizacional**, a divisão em capítulos (inteligência de negócio, transformação digital e experiência do cliente) reflete a ideia de institucionalizar um grupo ou comitê para lidar com o planejamento e a implementação da TD. A estrutura mais horizontalizada proporcionada por capítulos e círculos, com as pontas empoderadas, ressalta a autonomia para enfrentar novos desafios e gerar soluções inovadoras. Em especial, a frente de otimização do negócio aponta para o redesenho de vários processos com o uso das tecnologias.

Quanto à **dimensão pedagógica**, está clara a opção por abordagens problematizadoras, como a aprendizagem baseada em competências, problemas e projetos e a valorização de abordagens emergentes, como a aprendizagem personalizada, imersiva e adaptativa, com destaque para as estratégias de avaliação formativa orientadas a dados.

Por fim, a **dimensão tecnológica** da TD está bem representada pela experiência de aprendizagem no metaverso proporcionada aos estudantes da Graduação 4D.

Certamente, o leitor e a leitora, ao acessarem os materiais citados nas notas de rodapé deste caso, poderão conhecer mais sobre o conjunto de iniciativas que a PUCPR vem promovendo sob o guarda-chuva da TD.

Uma lição de todo esse empreendimento é que, para a PUCPR, a TD não é um evento esporádico, mas uma jornada contínua que exige resiliência, paciência e comprometimento de toda a organização.

Referências

[1] MARTINS, V. PUCPR Brasil: transformação digital do processo de ensino e aprendizagem. Vídeo do Canal **MetaRed TIC**. Disponível em: https://www.youtube.com/watch?v=9BLtmPt8JxM&list=PLB-FZVviEN7RvZnXwUAH1i__r3DPQTl15T&index=5. Acesso em: 5 ago. 2023.

[2] NIELSEN, T.; SINHA, M. **Unleash the power of digital ambition to realize your digital future**. Gartner Executive Programs, Report n. 9, 2017.

[3] Ver https://www.pucpr.br/app/.

[4] Disponível em: https://www.pucpr.br/professor/suporte-ao-professor/creare/.

[5] Ver a página original da Padagogy Wheel: https://designingoutcomes.com/.

[6] Ver https://www.pucpr.br/padagogy-wheel/.

[7] Disponível em: https://sites.pucpr.br/realidadeestendida/.

[8] Disponível em: https://www.pucpr.br/a-universidade/arena-digital/.

[9] Com base no conteúdo do vídeo "PUCPR Graduação 4D — Influência Digital: a trend que movimenta o mercado e suas possibilidades". **Canal PUCPR**, 26-01-2023. Disponível em: https://www.youtube.com/watch?v=doRbSZLRA0s. Acesso em: 15 ago. 2023.

[10] A grade completa das trilhas está disponível em: https://6064046.fs1.hubspotusercontent-na1.net/hubfs/6064046/Guia%20do%20Curso%20-%20Gradua%C3%A7%C3%A3o%204D%20PUCPR.pdf. Acesso em: 12 ago. 2023.

CAPÍTULO 7
TRANSFORMAÇÃO DIGITAL NO INDES/BID

Stella Porto

Em 2014, fiz a transição de uma posição que ocupei por treze anos como Diretora de Programas de Pós-Graduação Online na Universidade Global do Maryland para uma nova aventura no Banco Interamericano de Desenvolvimento (BID), especificamente em sua divisão de treinamento, o Instituto Interamericano de Desenvolvimento Econômico e Social (INDES). Fui atraída pelo BID com a promessa de aproveitar a minha expertise em educação online para impactar um cenário mais amplo, principalmente no desenvolvimento social e econômico em toda a América Latina e o Caribe.

No INDES, assumi o papel multifacetado de supervisionar a concepção, o desenvolvimento e a implementação de um amplo portfólio de cursos online os quais foram meticulosamente projetados para se alinharem com os objetivos estratégicos do BID, derivados do rico acervo de pesquisas e conhecimentos da instituição. Minha jornada de quase uma década no INDES tem sido uma tapeçaria de iniciativas de transformação digital, cada fio representando uma abordagem inovadora para enfrentar as complexidades do trabalho de desenvolvimento em um cenário digitalmente em evolução.

Este capítulo é um relato cuidadosamente elaborado das minhas experiências, apresentando insights inestimáveis extraídos das múltiplas iniciativas das quais participei. Ele visa destilar essas lições em estratégias acionáveis, fornecendo um guia prático para profissionais que navegam nas interseções entre desenvolvimento, educação e TD. Se você está lidando com desafios semelhantes ou buscando aproveitar oportunidades paralelas, meu convite é que mergulhe nessa narrativa na esperança de que ela ilumine seu próprio caminho adiante.

7.1 CONTEXTO

O BID é uma das principais fontes de financiamento de longo prazo para o desenvolvimento econômico, social e institucional na América Latina e no Caribe. Fundado em 1959, o banco esteve na vanguarda dos esforços para melhorar a vida na região, concentrando-se em projetos que abordam desafios críticos como desigualdade, mudança climática e instabilidade econômica.

Além de seu papel financeiro, o BID foi fundamental na disseminação de conhecimento em toda a região. Reconhecendo o poder transformador da educação, o banco consistentemente apoiou iniciativas que promovem a aprendizagem, o desenvolvimento de habilidades e o fortalecimento de capacidades.

Dada sua posição influente, o BID reconheceu desde cedo o potencial da TD para enfrentar os desafios educacionais da região e embarcou em uma jornada para explorar, adotar e promover ferramentas digitais e metodologias que pudessem impulsionar a excelência educacional na América Latina e no Caribe. Esse compromisso com a educação digital não se resumiu à adoção de tecnologias; tratou de reimaginar todo o ecossistema educacional, da criação de conteúdo até a entrega, a avaliação e o reconhecimento.

O Instituto Interamericano de Desenvolvimento Econômico e Social (INDES) foi estabelecido pelo BID em 1994 com o mandato de promover o desenvolvimento social e melhorar a eficiência e a equidade na gestão por meio do desenvolvimento de capacidades nos países membros do BID na América Latina e no Caribe.

Ao longo dos anos, o INDES desenvolveu, amadureceu e avançou em sua estratégia de aprendizagem para aumentar o alcance, a escala e a eficácia de seu trabalho na melhoria de desempenho, competências e empregabilidade dos aprendizes no setor público, bem como no desenvolvimento de capital humano em educação online e na criação de oportunidades para networking e colaboração entre atores-chave do ecossistema de educação online. A diversificação dos produtos de educação online oferecidos pelo INDES impôs uma transformação no fluxo de trabalho de educação online. Foi necessário se transformar muitas vezes para permanecer eficiente, sustentável e continuamente alinhado com a missão do banco.

O diagrama da Figura 7.1 mostra uma versão "classificada" das iniciativas que pavimentaram a jornada de TD do INDES. Essa jornada começou muito antes de a TD se tornar um termo familiar, assim, o diagrama conta uma história sob uma perspectiva atual. É uma maneira de olhar para trás e contar o que aconteceu analisando o processo passado. Seria impossível prever todas essas iniciativas, e elas não ocorreram exatamente na ordem mostrada no diagrama.

Para facilitar a narrativa, ele organiza essas "transformações" de acordo com sua natureza subjacente. As iniciativas destacadas neste caso são aquelas que impactaram o "negócio" subjacente de forma permanente, com consequências de longo prazo.

Figura 7.1 – Iniciativas de transformação digital no INDES/BID por categorias.

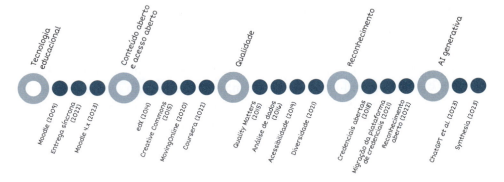

Fonte: elaborado pela autora.

7.2 VISÃO GERAL DA JORNADA DE TRANSFORMAÇÃO DIGITAL

O esforço de aprendizagem online no BID ocorre por meio do INDES, que foi iniciado em 2004. Os participantes são provenientes de vários países, o que permite maior diversidade de opiniões e perspectivas de profissionais que trabalham em diferentes organizações, como agências públicas, empresas privadas, ONGs, universidades, agências internacionais e na mídia.

7.2.1 Tecnologia educacional

Em seus primeiros dias, a maioria dos cursos online era baseada em tutores em troca de uma pequena taxa subsidiada pelo INDES com o intuito de promover a participação de profissionais de todos os países da região da América Latina e Caribe (ALC). Todos os cursos online do INDES eram entregues em uma sala de aula virtual (primeiro por meio de um sistema desenvolvido internamente e, posteriormente, pela plataforma Moodle), seguindo um modelo principalmente assíncrono, com durações variadas (de 6 a 15 semanas) e principalmente em espanhol, mas também em inglês e português. Os instrutores/tutores frequentemente eram contratados na região da ALC e capacitados pelo INDES. Essa capacitação incluía não apenas tópicos sobre aprendizagem online e pedagogia, mas também temas relacionados ao próprio conteúdo (posteriormente isso mudou, conforme será discutido a seguir, na iniciativa MovingOnline). Os cursos contavam com especialistas de cada temática atuando como coordenadores, além de assistência técnica robusta durante o desenvolvimento e entrega realizada pela equipe permanente do INDES.

O INDES expandiu constantemente seu portfólio de cursos online e, no início dos anos 2010, contava com plataforma e infraestrutura de suporte, além de uma programação regular de cursos ao longo do ano. Recentemente, o Moodle passou por transformações significativas com suas versões 4.x para acompanhar o mercado de LMS com novos concorrentes, por exemplo o Canvas. Muitas áreas do ambiente de aprendizagem ganharam importância, como a analítica da aprendizagem, currículos baseados em competências e relatórios, mas o aspecto ansiosamente aguardado dentro da nossa unidade era o aprimoramento da interface do usuário (UI). Ela se tornou mais limpa e amigável, convertendo o Moodle novamente em uma alternativa atraente de código aberto para LMS. Isso exigiu uma grande revisão na maneira como estávamos projetando os cursos, com a adoção de uma abordagem mais minimalista para reduzir a sobrecarga de conteúdo que distrai o usuário final. Além disso, integramos uma ferramenta síncrona – o Big Blue Button, que adicionou grande versatilidade e atraiu muitos daqueles que, durante a pandemia, se acostumaram com a aprendizagem online por meio de ferramentas como o Zoom.

7.2.2 Conteúdo aberto e acesso aberto

Nos anos 2010, a oferta de aprendizagem online foi aprimorada com o desenvolvimento de Recursos Educacionais Abertos (Open Educational Resources, OER), a adoção de Creative Commons para materiais didáticos e uma parceria com a edX, o programa IDBx,[1] para oferecer MOOCs (cursos online abertos) cobrindo alguns dos tópicos mais estratégicos.

O desenvolvimento de MOOCs foi uma resposta à enorme necessidade de desenvolvimento profissional na região: estimava-se que, naquela época, havia 30 milhões de servidores públicos, a maioria dos quais não tinha acesso a treinamento especializado devido à falta de recursos de seus governos. O BID viu esse público como um componente-chave no desenvolvimento desses países. Os projetos que esses profissionais precisavam gerenciar haviam se tornado cada vez mais complexos, e por meio do IDBx o alcance dos esforços de *e-learning* do BID se expandiu enormemente.

Mais recentemente, o Coursera[2] foi adicionado como outra plataforma para a entrega de MOOCs com um modelo de negócios distinto.

7.2.3 Qualidade

Muitas das mudanças ao longo dos anos estavam relacionadas à qualidade e não nasceram necessariamente de avanços tecnológicos. Sob esse guarda-chuva, vale mencionar a adoção dos padrões e metodologia de revisão do Quality Matters (QM),[3] que impactou nosso processo de design instrucional, iniciativas específicas relacionadas a acessibilidade digital e diversidade e, finalmente, uma adoção lenta de dados para tomada de decisões.

A prática dos padrões do Quality Matters no INDES representou uma decisão estratégica com impacto multifacetado ao substituir um processo de acreditação que não estava agregando valor ao nosso negócio principal. Reconhecendo a necessidade de consistência e qualidade em seus cursos online em rápido crescimento, a liderança encarou o processo como uma maneira de garantir a excelência na educação a distância.

A equipe teve oportunidades de desenvolvimento profissional para compreender e implementar os padrões QM em suas práticas de desenvolvimento de cursos. Enfatizando o engajamento do aprendiz e a acessibilidade, o INDES concentrou-se em adaptar o ambiente online às diversas necessidades dos alunos na ALC. Essa abordagem centrada no ser humano caminhou de mãos dadas com a TD necessária para tornar a educação online verdadeiramente inclusiva. A cuidadosa seleção de tecnologias educacionais que se alinham com as diretrizes QM garantiu o cumprimento dos padrões de acessibilidade, quebrando barreiras e abrindo novas oportunidades para todos os aprendizes.

No nível organizacional, o INDES experimentou uma mudança profunda: a padronização, a consistência e uma cultura colaborativa começaram a surgir. Os processos de design, desenvolvimento e revisão de cursos foram simplificados, com revisões por pares fomentando uma atmosfera de responsabilidade compartilhada e colaboração. Essas mudanças organizacionais levaram a maior eficiência operacional, com atualizações regulares e refinamentos nos cursos com base nas diretrizes do QM. Um modelo de melhoria contínua se tornou a norma, levando a uma educação com mais qualidade e a uma operação mais eficiente.

A adoção dos padrões do QM marcou uma nova era para o INDES; tornou-se um farol de qualidade e inovação na educação online guiado por um compromisso estratégico com os princípios do QM. Essa abrangente transformação afetou todos os aspectos da aprendizagem online, levando a um efeito cascata que ainda ressoa no cenário educacional. Ao colocar os padrões do QM no cerne de sua abordagem, o INDES demonstrou o poder de uma abordagem holística para a TD, que engloba alinhamento estratégico, conexões humanas, integração tecnológica, transformação organizacional, excelência operacional e mudança cultural.

7.2.4 Acessibilidade digital

O aspecto mais notável da TD talvez tenha sido uma mudança cultural dentro do INDES. Os tópicos de acessibilidade e diversidade vieram à tona e se tornaram iniciativas independentes. Os padrões relacionados à acessibilidade digital fazem parte da rubrica do QM, o que geralmente se refere a garantir que todo o conteúdo seja acessível e que as políticas de acessibilidade estejam claras e disponíveis. Apesar disso, em um curso online, os padrões de acessibilidade abordam muitos elementos, nem todos sob o controle daqueles que o desenvolvem – dependem do LMS adequado e das várias ferramentas usadas no desenvolvimento de conteúdo multimídia.

A acessibilidade tornou-se um elemento importante em nossos processos, que incluem capacitação para todos os membros da equipe e a garantia de que todas as ferramentas usadas no desenvolvimento de conteúdo sigam os padrões aceitos do WCAG 2.0.[4] Esse é um tema em evolução. O Moodle 4.x, por exemplo, trouxe várias funcionalidades para melhorar a acessibilidade, e avanços na inteligência artificial generativa tornaram mais fáceis as verificações de acessibilidade.

Questões de diversidade e gênero tornaram-se parte de nosso processo de design e desenvolvimento em vários pontos de verificação. Por exemplo, a definição de personas durante a análise de necessidades veio garantir que a representação verdadeira e autêntica dos usuários seja considerada. Além disso, durante o desenvolvimento de multimídia, os personagens têm perfis físicos e vozes que realmente representam nosso público, sem apropriação de identidade falsa, preconceitos ou representações incorretas.

7.2.5 Avaliação de impacto da aprendizagem

Coletamos dados para os Níveis 1 e 2 da avaliação de treinamento de acordo com o modelo de Kirkpatrick.[5] Isso significa que, para todos os cursos, no mínimo medimos "satisfação" e aquisição de conhecimento. A profundidade desses dados varia. Eles são usados para gerar "sinais vermelhos", como insatisfação com o conteúdo ou com o facilitador, ou percepções de que os objetivos de aprendizagem não foram alcançados. A lacuna de aprendizagem (diferença entre o nível de conhecimento no início e no final do curso) também é útil para determinar se o conteúdo precisa se tornar mais ou menos desafiador.

Coletamos, ainda, dados intermitentemente para o Nível 3 (mudança de comportamento) a fim de avançar na medição do impacto da aprendizagem; baseados principalmente em pesquisas de autoavaliação, eles foram usados com menos frequência. Mais recentemente, há um esforço significativo para medir consistentemente os Níveis L3 e L4 (impacto na organização). Nem todos os cursos se prestam a esse tipo de análise. Além disso, o custo dessas avaliações

PARTE II Transformação digital na prática

pode ser proibitivo, portanto, é fundamental ter um quadro abrangente que nos permita decidir quando e como realizar esses estudos.

7.2.6 Reconhecimento

Em uma era na qual a aprendizagem contínua e o desenvolvimento de habilidades são essenciais, as credenciais tradicionais muitas vezes não conseguem capturar todo o espectro de habilidades e conquistas de um aprendiz. A necessidade de um sistema de reconhecimento mais flexível, transparente e verificável levou o INDES a explorar o campo das credenciais digitais.

A adoção e a integração da iniciativa de credenciais abertas dentro do BID e do INDES desempenharam um papel fundamental na reformulação do cenário de TD, tanto internamente quanto em toda a região da América Latina e do Caribe. Essa jornada começou com a visão pioneira do BID de adotar credenciais digitais como uma maneira inovadora de reconhecer e autenticar competências, conquistas de aprendizagem e habilidades de seu pessoal e do setor público na região da ALC.

A introdução de credenciais abertas serviu como um catalisador para promover a aprendizagem ao longo da vida não apenas dentro do BID, mas também na comunidade profissional mais ampla da região. Elas foram fundamentais para capturar e validar uma ampla gama de habilidades e competências, desde liderança e negociação até treinamento altamente especializado. Do ponto de vista interno, a implementação de credenciais digitais enriqueceu a dinâmica de recursos humanos, permitindo que os supervisores identificassem prontamente a equipe com capacidades específicas, melhorando assim a eficiência e a colaboração no local de trabalho.

Um marco importante é o Framework de Credenciais Digitais do BID (2023),[6] que serve como uma ferramenta de referência vital e um guia para os princípios e processos que orientam a criação e a concessão de credenciais digitais do BID.

Externamente, o ousado passo do BID no cenário de credenciais alternativas despertou interesse e inovação por parte de muitos se seus parceiros na região da ALC, inclusive instituições de ensino superior e agências do setor público.

O sucesso da iniciativa de credenciais abertas no BID não foi isento de desafios. O caminho para a plataforma de credenciais atual foi marcado por falsos começos, desvios estratégicos e migrações de plataforma; no entanto, esses obstáculos foram enfrentados com resiliência e inovação, refletindo a disposição do banco para experimentar, se adaptar e crescer. O papel duplo que as credenciais digitais desempenham agora no BID, atendendo tanto a funcionários internos quanto a profissionais externos, mostra o compromisso da organização em promover o desenvolvimento, a mobilidade social e a inovação tecnológica na região.

Em última análise, a integração de credenciais abertas na jornada de TD do INDES/BID ilustra uma complexa, mas bem-sucedida, interação entre inovação, educação e desenvolvimento regional. Conta a história de uma organização visionária que aproveitou credenciais digitais para criar oportunidades de crescimento profissional e reconhecimento, inspirar mudanças mais amplas e fazer uma contribuição substancial para a reformulação da educação, dos mercados de trabalho e dos avanços tecnológicos na região da ALC.

A colaboração contínua, a pesquisa e a reflexão sobre o futuro dos distintivos digitais no BID indicam um compromisso inabalável de continuar explorando e ampliando os limites do que é possível no mundo em rápida transformação do trabalho e da educação. Há um esforço contínuo na expansão da compreensão do reconhecimento aberto para capacitar os aprendizes, e isso se alinha fortemente com os valores fundamentais de equidade e diversidade.

7.2.7 Inteligência artificial generativa

Atualmente, estamos enfrentando uma mudança disruptiva cujos efeitos não temos distanciamento suficiente para avaliar. Os métodos de produção estão sendo acelerados com o uso das primeiras ferramentas disponíveis de inteligência artificial generativa (GenAI). ChatGPT e similares estão tornando possível criar conteúdos em velocidades muito diferentes e com níveis mais altos de criatividade. A consideração de chatbots ganhou um papel mais proeminente, com a promessa de criar experiências de aprendizagem inovadoras e envolventes.

Na área de desenvolvimento de cursos, adotamos no INDES várias ferramentas que facilitam a produção de multimídia, que frequentemente é a fase mais complicada do desenvolvimento. Até o momento desta escrita, usamos o Synthesia[7] para produção de vídeo por IA e o Murf AI[8] para áudio. Muitas das ferramentas mais comuns que usamos começaram a incorporar recursos alimentados por IA que aumentam a produtividade e, assim, encurtam o tempo de entrega.

Ao mesmo tempo, temos a responsabilidade de preparar nossa equipe e nosso público externo para esses tópicos, pois a GenAI fará parte do cotidiano de muitos trabalhadores do conhecimento. A organização precisa adotar uma abordagem estratégica e, dada a velocidade das mudanças e as pressões externas, não pode ficar à margem, esperando decisões sobre aonde ir.

Como parte dessa estratégia, o BID está considerando uma iniciativa de comunicação de conscientização e, possivelmente, um curso inicial desenvolvido pelo INDES que forneça o básico sobre LLMs (Large Language Models, ou Modelos de Linguagem Grande) e como interagir de forma ética e segura com ferramentas de IA generativa. O INDES também está trabalhando em um curso semelhante para o público externo na América Latina.

A tomada de decisão nem sempre segue o mesmo fluxo. Dependendo do alcance de uma iniciativa, ela exige níveis diversos de aprovação. No caso da GenAI, preocupações relacionadas à privacidade e ao uso inadequado de informações corporativas levaram a instituição a adotar uma abordagem mais conservadora e cuidadosa em relação à sua adoção.

7.3 COMENTÁRIOS SOBRE O CASO INDES/BID

Considerando os pontos discutidos em cada dimensão da TD neste livro, podemos destacar alguns aspectos observados neste caso.

No que diz respeito à **dimensão estratégica**, o caso do INDES/BID destaca a importância de uma estratégia bem definida e abrangente. O BID reconheceu o potencial da TD para enfrentar os desafios educacionais na América Latina e no Caribe e embarcou em uma jornada para explorar, adotar e promover ferramentas digitais e metodologias que impulsionassem a excelência educacional. Isso demonstra a necessidade de alinhar as iniciativas de TD com os objetivos de longo prazo e a sustentabilidade da organização.

A ênfase na promoção de uma cultura de inovação, prontidão digital e resiliência é evidente no caso do INDES/BID. A instituição reconhece que as pessoas envolvidas no processo educacional são fundamentais para o sucesso da TD, as quais incluem professores, funcionários e alunos. Além disso, o caso menciona a importância de abordar a equidade e a inclusão digitais, destacando a **dimensão humana** da TD.

Na **dimensão organizacional**, nota-se que a estrutura e a cultura de uma instituição podem permitir ou dificultar a TD. O caso evidencia que foi necessário transformar a organização várias vezes para a manutenção de eficiência e sustentabilidade e o alinhamento com a sua missão institucional. Isso mostra a importância de criar estruturas organizacionais ágeis e escaláveis e de explorar parcerias e colaborações para apoiar e acelerar os esforços de TD.

No que diz respeito à **dimensão de ensino-aprendizagem**, é patente a centralidade da integração da tecnologia com práticas inovadoras de ensino e aprendizagem. O caso menciona a criação de cursos online, MOOCs e outras iniciativas para melhorar os resultados e o engajamento dos aprendizes, demonstrando como a TD pode impactar positivamente o processo de ensino-aprendizagem.

Em termos da **dimensão tecnológica**, o caso aborda a seleção, implementação e integração de hardware, software e infraestrutura apropriados para apoiar as práticas de ensino-aprendizagem e os processos administrativos. Além disso, menciona a importância da segurança de dados e da exploração de tecnologias emergentes, como a inteligência artificial generativa (GenAI).

Além dessas dimensões, o caso do INDES/BID também ressalta a importância de qualidade, acessibilidade digital, avaliação de impacto da aprendizagem e reconhecimento, que são aspectos relevantes para a TD na educação. Em resumo, ele ilustra como essas dimensões interagem e são fundamentais para o sucesso da TD em uma organização com objetivos educacionais.

Referências

[1] Disponível em: https://www.edx.org/school/idbx.

[2] Disponível em: https://www.coursera.org/iadb.

[3] Disponível em: https://www.qualitymatters.org/.

[4] Disponível em: https://www.w3.org/Translations/WCAG20-pt-br/.

[5] KIRKPATRICK, D. L. **Evaluating training programs**: the four levels. Alexandria: ASTD, 1998.

[6] PORTO, S. C.; PRESANT, D. **The IDB Digital Credential Framework:** principles and guidelines for creating and issuing credentials. Disponível em: https://publications.iadb.org/en/idb-digital-credential-framework-principles-and-guidelines-creating-and-issuing-credentials. Acesso em: 15 set. 2023. A versão em espanhol está disponível no mesmo link.

[7] Disponível em: https://www.synthesia.io/.

[8] Disponível em: https://murf.ai/.

VISÕES E LIÇÕES APRENDIDAS

Imagem criada com Microsoft Bing Image Creator em 09-10-2023.

Como mencionado, muitas das iniciativas de TD estão interligadas e não são necessariamente vistas ou nomeadas como "transformação digital". Elas ocorrem em ritmos diferentes e dependem de muitos fatores para avançar. Podem começar com planos estratégicos institucionais mais amplos, mas frequentemente se iniciam a partir de necessidades e oportunidades específicas, podendo posteriormente se unir a outros esforços, e uma estratégia maior pode passar por uma reengenharia para estabelecer processos e procedimentos comuns.

À luz disso, é ilusão acreditar que uma narrativa a respeito de TD pode fazer parecer tudo muito linear, organizado e sem erros. Funciona melhor quando é ágil, colaborativa e acompanhada pelo envolvimento da liderança refletido na disponibilidade de recursos adequados e no devido reconhecimento. Mas isso pode levar tempo. E pode não acontecer na primeira tentativa.

À primeira vista, isso pode parecer problemático ou caótico, mas na verdade é um crescimento natural da inovação. Dentro de cada iniciativa, o sucesso não é um status binário, e os envolvidos não devem esperar a sensação de ter atingido um pico do qual agora podem descer. Como vimos ao longo deste livro, a transformação digital é, e continuará sendo, um processo contínuo.

Ao trabalhar para reunir a minha perspectiva sobre a história da transformação digital durante meu tempo no INDES/BID, percebi o quanto havia acumulado informações tácitas e conclusões pessoais sem nenhuma documentação ou reconhecimento consciente. Então, apenas a experiência de contribuir para este livro já valeu a pena. Isso não quer dizer que foi fácil; foram necessárias muitas iterações, muitas conversas com Andrea Filatro, durante as quais tive que refletir e ouvir minha própria voz recontando certas experiências (além daquelas no BID), para poder começar a dar sentido aos padrões e conexões e revelar lições aprendidas dignas de nota.

Gostaria de tentar compilar essas lições, consciente de que essa tarefa nunca termina. Talvez essa seja a razão pela qual não as documentamos com tanta frequência, elas nunca parecem totalmente maduras ou prontas para serem mostradas a terceiros. Peço desculpas de antemão por essas limitações e espero compartilhar algumas pepitas úteis da minha experiência.

Ao colocar tudo isso em uma imagem mais ampla, eliminando algumas das longas extensões de tempo em que ocorrem desvios, é possível reunir ideias valiosas para compartilhar, sempre tendo em mente que, olhando pelo retrovisor, às vezes tudo parece óbvio e muito mais simples do que quando de fato ocorreu.

Planejamento ágil. Em muitas situações, percebi que estava gastando tempo ao tentar adiantar eventos e planejar com antecedência tendo informações limitadas sobre possíveis reações daqueles fora da minha órbita de controle e influência direta. Isso é comum quando se é um peixe pequeno em um tanque maior, mas não significa que o planejamento seja perda de tempo. Ao contrário, isso me diz que o planejamento deve ser um processo ágil em que ajustes são feitos continuamente, à medida que mais informações ficam disponíveis. O planejamento deve ser realizado em colaboração com a equipe, e cada membro deve atuar como ouvinte ativo dos sinais que vêm do restante da organização e de eventos e tendências externas.

Persistência, a contínua agitação lenta. Muitas iniciativas demoram a dar certo. Várias vezes achei que uma ideia estivesse morta, apenas para ficar surpresa com a forma como ela ganhou vida novamente, às vezes após longos períodos. Precisamos reconhecer, especialmente em grandes organizações, que a mudança ocorre em uma linha do tempo diferente, dependendo de características mais locais (unidade, departamento, divisão). O que pode parecer crítico para um grupo pode ser tangencial para outro ou demorar para chegar à administração superior. Isso é especialmente verdadeiro com novas tecnologias. A liderança geralmente não quer "balançar o barco" por pequenos ganhos, portanto boas ideias, com impacto significativo, podem demorar um tempo para obter a proeminência que merecem. O importante é não desanimar e, acima de tudo, ter a mente aberta para notar que mesmo a ideia mais brilhante não merece a atenção de todos e pode haver melhores opções, o que nos leva diretamente ao próximo ponto.

Não somos nossas ideias. Nós nos apaixonamos por nossas ideias. Se não fizermos isso, será muito mais difícil levar as coisas até o final ou começar algo novo; mas podemos nos apaixonar por elas e ainda evitar vinculá-las à nossa identidade individual. Essa é a chave para ser um agente de mudança. Isso nos permite descartar ideias, abraçar ideias alheias e manobrar com mais agilidade.

Pequenos projetos podem se expandir organicamente. Não é incomum ter o entendimento errado de que a transformação digital requer grandes ideias. A experiência me diz que esses grandes projetos podem ocorrer algumas vezes, e eu poderia ser cética sobre a eficácia deles. Às vezes consomem muitos recursos e podem levar tanto tempo que, enquanto isso, as prioridades mudam. Por sua vez, projetos menores, em que os objetivos são mais focados e o escopo é mais estreito, são mais fáceis de concretizar. O sucesso deles tem o potencial de influenciar outras partes da organização e permitir que a mudança floresça de forma mais orgânica, respeitando as diferenças existentes entre os diversos departamentos e unidades.

O ritmo de adoção pode variar. Ao planejar processos de mudança mais ampla associados à transformação digital, é essencial colocar os usuários no centro e entender que nem todos os grupos avançarão na mesma velocidade. Respeitar essas diferenças produz um ambiente favorável e ajuda a garantir resultados positivos. Eu até diria que, dependendo das mudanças, talvez nem todos os departamentos precisem alcançar os mesmos níveis de adoção.

Todos na piscina ou nada feito. A tecnologia organizacional tem o potencial de realizar mudanças significativas, mas depende fortemente da adoção e da eficiência de seu uso. Isso pode parecer contradizer o que acabei de mencionar sobre ser flexível em relação à velocidade de adoção, mas o que quero dizer é que, embora a velocidade possa ser diferente, quando lidamos com tecnologia organizacional, as mudanças precisam alcançar todos. Isso significa que esses processos podem ser longos e exigir esforços dedicados à comunicação e à educação de todas as partes interessadas, tornando tudo o mais fácil possível.

Gatilhos externos. Alguns eventos externos podem servir como gatilhos significativos de mudança. Frequentemente, decisões têm de ser tomadas sem relatórios abrangentes que garantam risco zero. A aversão ao risco pode gerar inação, e a falta de tomada de decisão pode ser tão ruim quanto as más decisões. É comum pensar que aceitamos falhas e, portanto, estamos abertos a assumir riscos razoáveis, mas geralmente isso é mais fácil falar do que fazer. A cultura da organização terá um sério impacto nessa flexibilidade. É melhor encarar isso de frente para poder avaliar onde, quando e como os limites podem ser levemente empurrados para abrir caminho para a inovação.

Uma jornada de autorreflexão. Ao dar os retoques finais em minha contribuição para este livro, fico pasma com a sabedoria que se cristalizou da minha própria jornada, agora traduzida em recomendações. Esse exercício de introspecção e articulação foi uma primeira vez para mim, oferecendo uma lente estruturada através da qual é possível examinar a tapeçaria de experiências que acumulei ao longo dos anos. Estou profundamente ciente de que, se eu revisitar esse esforço daqui a um ano, os contornos de meu conselho provavelmente terão evoluído, enfatizando a natureza fluida da compreensão de nossas próprias histórias de vida.

De fato, somos ao mesmo tempo os dramaturgos e os artistas das nossas sagas individuais, que só podem ser recontadas depois de vivermos, respirarmos e navegarmos por seus altos e baixos. Cada iniciativa que empreendemos não só enriquece nossa compreensão dos projetos passados, mas também povoa a nossa paisagem intelectual com novos pontos de dados. Estes, por sua vez, forjam novas conexões sinápticas que moldam as lições que derivamos e a sabedoria que temos a oferecer.

Minha esperança é que os insights que compartilhei aqui sirvam não como fórmulas prescritivas, mas como perspectivas enriquecedoras que podem aprofundar a compreensão do leitor e da leitora quanto a suas circunstâncias únicas. O caminho para uma gestão significativa de mudanças raramente é linear, e a flexibilidade permanece um ativo indispensável. É essencial estar aberto a reviravoltas inesperadas e viradas fortuitas, pois esses são os pontos cruciais do enredo de uma história de sucesso.

Por fim, jamais devemos subestimar o poder da sabedoria coletiva e da colaboração. A jornada pode ser sua, caro leitor, cara leitora, mas o caminho não precisa ser percorrido em isolamento. Compartilhe sua jornada, construa seu elenco de colaboradores e lembre-se: você não precisa fazer isso sozinho.

Stella Porto

ÍNDICE REMISSIVO

(Os números referem-se às páginas.)

Aprendizagem
    baseada em competências, 56
    baseada em jogos, 56
    baseada em problemas e projetos, 55
    colaborativa, 55
    e gamificação, 56
    híbrida, 53
    imersiva, 58
    microaprendizagem, 57
    móvel, 57
    personalizada e adaptativa
    social, 72

Avaliação
    da efetividade das práticas inovadoras de ensino-aprendizagem, 61

BID/INDES, caso, 106, 114

Comitê de TD
    e ambidestria organizacional, 4

Dimensão de ensino-aprendizagem
    andragogia, 54
    avaliação da efetividade das práticas inovadoras, 61

Educação 4.0, XVIII

Educação 5.0
    fatores impulsionadores da TD na educação, 52
    heutagogia, 56
    implicações das abordagens inovadoras para os subsistemas institucionais, 58

    inovação nas práticas de ensino-aprendizagem, 53
    smart education, XVIII

Dimensão estratégica
    alocação de recursos, 7
    gerenciamento de riscos, 8
    mentalidade de crescimento
    monitoramento do progresso, 9
    objetivos estratégicos e prioridades, 7
    visão para a TD, 6

Dimensão humana
    acessibilidade, 26
    colaboração e compartilhamento de conhecimentos, 21
    comprometimento da liderança, 19
    cultura de inovação e prontidão para mudança, 18
    desenvolvimento profissional contínuo, 20
    divisão digital, 26
    equidade e a inclusão digital, 26
    importância das pessoas, 18
    mentalidade de crescimento, 24
    reconhecimento e recompensa à inovação, 23
    responsividade cultural, 27

Dimensão organizacional
    alinhamento entre objetivos organizacionais e estratégicos, 35

avaliação da estrutura organizacional, 36

definição de políticas, processos e procedimentos, 42

design de estrutura organizacional escalável e ágil, 40

estrutura organizacional, 34

gestão do corpo docente, 46

implicações da TD para o RH, 44

Matriz RACI, 38

Modelo de Fluxo de Comunicação Organizacional

sistema educacional, 39

subsistemas, 40

Dimensão tecnológica

divisão digital, 26

papel da tecnologia na TD, 69

primeira onda de tecnologias educacionais, 70

privacidade de dados, 89

segunda onda de tecnologias educacionais, 74

segurança, 90

Educação

4.0, XVIII

5.0, XVIII

transformação digital na, XVIII

Ferramentas

de autoria, 73

de gamificação, 73

de suporte à aprendizagem social, 72

impulsionadas por IA, 77, 80

primeira onda de tecnologias educacionais, 70

segunda onda de tecnologias educacionais, 74

Frameworks para transformação digital

este livro, XX

Educause, XIX

HolonIQ, XXII

JISC, XXIV

MIT & Capgemini, XX

Gestão & Administração, subsistema

e tecnologias de segunda onda, 32

impacto da avaliação da efetividade sobre, 51

implicações das abordagens inovadoras, 58

Iniciativa de TD, 3

Inovação

cultura de, 18

e prontidão digital, 18

nas práticas de ensino-aprendizagem, 53

Instrução, subsistema

e tecnologias de segunda onda, 74

impacto da avaliação da efetividade sobre, 61

implicações das abordagens inovadoras, 58

Liderança, comprometimento da, 19

Plano estratégico de TD

ferramentas e frameworks, 12

Primeira onda de tecnologias educacionais

ferramentas de autoria, 73

ferramentas de gamificação, 73

ferramentas de suporte à aprendizagem social, 72

Learning Experience Platforms (LXPs), 71

Learning Management Systems (LMSs), 70

PUCPR, caso, 95, 104

Segunda onda de tecnologias educacionais

5G, 88

Big Data Analytics, 74

blockchain, 86

computação em nuvem, 74

IA, ferramentas impulsionadas por, 77, 80

IA generativa, ferramentas impulsionadas por, 113

Internet das Coisas (IoT), 84

metaverso, 82

realidade aumentada (RA), 82

realidade virtual (RV), 82

Sistema educacional

implicações das abordagens inovadoras para os subsistemas institucionais, 58

subsistemas, 32

Suporte, subsistema

e tecnologias de segunda onda, 76

impacto da avaliação da efetividade sobre, 61

implicações das abordagens inovadoras, 58

Tecnologias. *Ver* Ferramentas

Transformação digital

Canvas de, 13

Comitê de, 4

DDD, modelo Educause, XXX

estrutura organizacional e

fatores impulsionadores, 31

frameworks para, XXIV

iniciativa de, 3

matriz de maturidade digital, XXI

na educação, XVIII

plano estratégico de, 4

Roadmap de, XX

visão para, 6